An der Seitenfarbe kannst du erkennen, worum es gerade geht.

Zahlen und Operationen
Größen
Geometrie

Die Aufgaben sind so nummeriert: ①

Hier ist es etwas schwieriger: [1]

So erkennst du eine knifflige Aufgabe: △1

Auf den gelben Zetteln findest du die Lösungen:

Merkkasten

Wiederholungskasten

Lerne mit deinem Nachbarn

Addieren und Subtrahieren bis 10

① Berechne die Summen.

a)	b)	c)
4 + 2 6	5 + 5	2 + 3 + 5
7 + 3 10	2 + 6	5 + 1 + 2
4 + 4 8	3 + 3	4 + 0 + 4
2 + 6 8	7 + 3	1 + 6 + 2

6	6	8
8	8	8
8	9	10
10	10	10

Erinnere dich:

Summand Summand
3 + 2 = 5
Summe Summe

2 Wie heißt der Summand?

a)	b)
5 + __ = 8	__ + 2 = 10
2 + __ = 9	__ + 5 = 7
3 + __ = 7	__ + 6 = 6
4 + __ = 4	__ + 3 = 9

0	0	2
3	4	6
7	8	

3

a) In einem Strandkorb ist Platz für 2 Urlauber. Wie viele Urlauber haben in 3 Strandkörben Platz?

b) In einer Reihe stehen 3 Strandkörbe. Wie viele Strandkörbe stehen in 3 Reihen?

④ Berechne die Differenzen.

a)	b)	c)
8 − 4	9 − 3	8 − 4 − 2
9 − 6	10 − 8	10 − 5 − 1
7 − 3	10 − 5	10 − 0 − 4
6 − 6	9 − 8	7 − 3 − 4

0	0	1
2	2	3
4	4	4
5	6	6

Erinnere dich:

Minuend Subtrahend
9 − 6 = 3
Differenz Differenz

5 Wie heißt der Subtrahend?

a)	b)
9 − __ = 5	10 − __ = 1
8 − __ = 4	10 − __ = 5
6 − __ = 6	10 − __ = 7
7 − __ = 2	10 − __ = 4

0	3	4	4
5	5	6	9

⑥ Wie heißt der Minuend?

a)	b)	c)	d)
__ − 4 = 5	__ − 7 = 2	__ − 8 = 0	__ − 6 = 1
__ − 8 = 1	__ − 6 = 3	__ − 5 = 4	__ − 3 = 6

7	8	9	9
9	9	9	9

1 und 2: Summen berechnen, Sicherheit beim Umgang mit den Fachbegriffen anstreben
3: Texte verstehen, Aufgaben finden und lösen, im Satz antworten 4 bis 6: Differenz, Minuend und Subtrahend berechnen
AH 1 TÜ 1

(1) Berechne die Summen.

a) 11 + 5, 15 + 4, 10 + 3
b) 8 + 6, 6 + 14, 4 + 13
c) 14 + 2 + 4, 10 + 6 + 3, 13 + 2 + 2
d) 3 + 2 + 12, 5 + 5 + 10, 6 + 11 + 2

Erinnere dich:

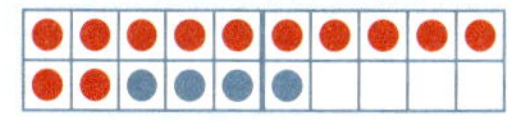

2 + 4 = 6
12 + 4 = 16

(2) Berechne die Differenzen.

a) 17 − 7, 15 − 5, 19 − 8, 16 − 6
b) 20 − 2, 17 − 4, 20 − 9, 18 − 6
c) 18 − 6 − 2, 14 − 0 − 3, 15 − 3 − 1, 19 − 3 − 6

Erinnere dich:

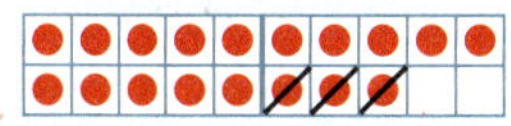

8 − 3 = 5
18 − 3 = 15

[3] a) 14 + ___ = 18, 11 + ___ = 20, 16 + ___ = 19
b) 17 − ___ = 11, 20 − ___ = 14, 18 − ___ = 10
c) ___ − 5 = 15, ___ − 3 = 13, ___ − 9 = 11

(4) Setze das richtige Zeichen: < = >.

a) 11 + 4 ◯ 16, 19 − 5 ◯ 14, 20 − 6 ◯ 13
b) 10 ◯ 18 − 3, 19 ◯ 11 + 9, 13 ◯ 19 − 6
c) 17 − 2 − 3 ◯ 11, 14 + 0 + 4 ◯ 18, 19 − 8 + 4 ◯ 15

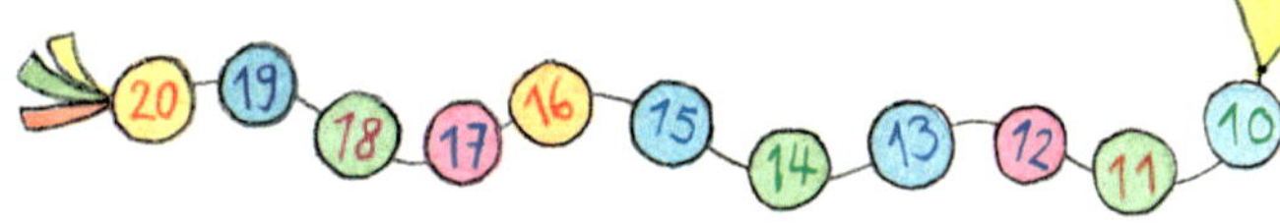

(5) Wahr w oder falsch f ?

a) 7 + 6 > 14
b) 16 − 6 < 10
c) 4 + 10 + 3 = 18
d) 20 − 5 + 4 > 18

(6) a)

+	2	5	0	4	6
13					
14					

b)

−	3	1	7	0	2
19					
18					

[7] Erzähle Rechengeschichten. Schreibe Aufgaben zu den Bildern und löse sie.

a)

b)

9 + 3 = ▢

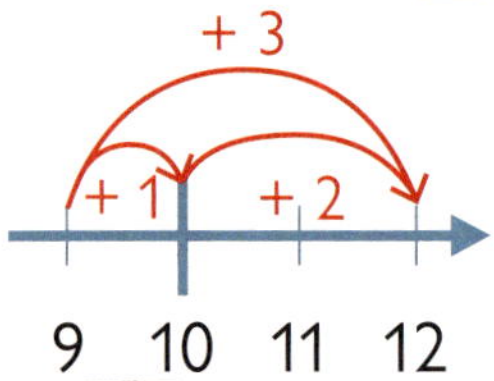

Rechne so:	Schreibe so: oder	so:
	9 + 3	9 + 3
Zerlege die zweite Zahl.	9 + 1 = 10	9 + 3 = 9 + 1 + 2
Ergänze zum Zehner.	10 + 2 = 12	9 + 3 = 10 + 2
Addiere den Rest.	**9 + 3 = 12**	**9 + 3 = 12**

1 a) 7 + 4, 8 + 7, 6 + 5, 7 + 7
b) 5 + 7, 4 + 8, 6 + 9, 5 + 8
c) 9 + 7, 3 + 8, 7 + 6, 5 + 6

2 9 + ▢ = 14
3 + ▢ = 11
7 + ▢ = 12

3 ▢ + 7 = 14
▢ + 6 = 11
▢ + 3 = 12

12 − 3 = ▢

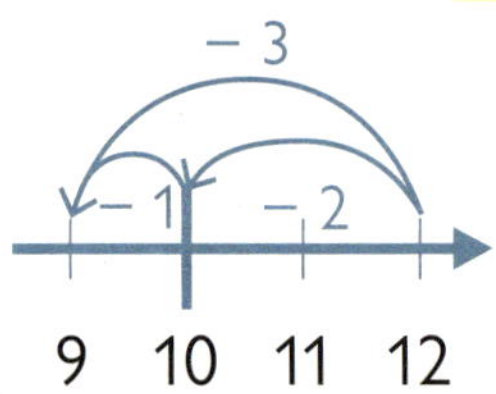

Rechne so:	Schreibe so: oder	so:
	12 − 3	12 − 3
Zerlege die zweite Zahl.	12 − 2 = 10	12 − 3 = 12 − 2 − 1
Subtrahiere bis zum Zehner.	10 − 1 = 9	12 − 3 = 10 − 1
Subtrahiere den Rest.	**12 − 3 = 9**	**12 − 3 = 9**

4 a) 12 − 4, 13 − 6, 14 − 7, 11 − 5
b) 17 − 8, 15 − 7, 12 − 4, 13 − 9
c) 18 − 9, 17 − 9, 17 − 7, 14 − 5

5 10 − ▢ = 2
13 − ▢ = 5
15 − ▢ = 9
17 − ▢ = 8

6 ▢ − 1 = 10
▢ − 9 = 8
▢ − 6 = 7
▢ − 5 = 6

1: Addieren, gegebene Schrittfolge anwenden 2 und 3: Summanden bestimmen 4: Subtrahieren, gegebene Schrittfolge anwenden
5 und 6: Minuend/Subtrahend bestimmen
AH 3 TÜ 2–4

1 Hier haben sich Tiere versteckt. Ihre Namen findest du mit den Lösungszahlen. Rechne und ordne den Namen die Lösungen zu.

a)	b)	c)	d)
7 + 6	14 − 7	3 + 9 + 7	6 + 9 − 2
6 + 9	13 − 5	14 − 6 − 3	20 − 8 − 7
3 + 8	12 − 5	9 + 8 − 2	7 + 9 − 8
9 + 9	16 − 7	13 − 9 + 4	15 − 3 − 5

5	7	8	9	11	13	15	18	19
A	E	S	L	N	H	U	D	M

2 Hier werden Aufgaben gewürfelt.
Schreibe zu jedem Würfelbild 4 Aufgaben auf und löse sie.

a) 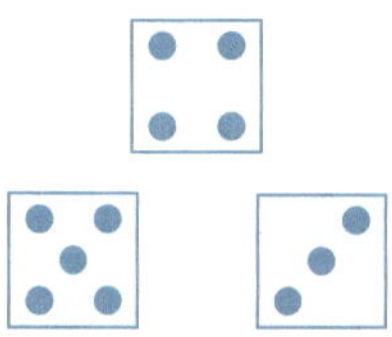

5 + 4 + 3
4 + 3 + 5
3 + 5 + 4
5 + 3 + 4

b) 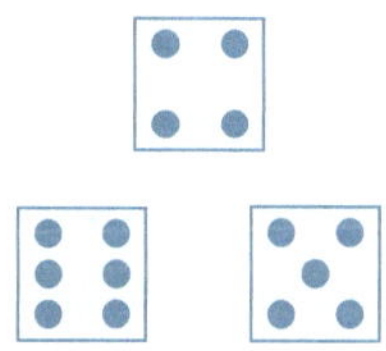

c) 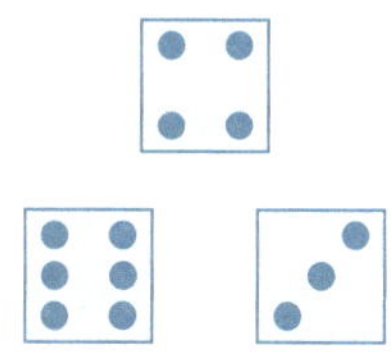

3 Setze das richtige Zeichen: < = > .

a)			b)			c)		
7 + 6		14	9 + 7		20 − 4	6 + 8		19 − 4
9 + 9		18	4 + 8		17 − 6	5 + 9		7 + 4
13 − 8		6	12 − 6		14 − 7	8 + 6		5 + 9
15 − 7		8	16 − 9		11 − 4	3 + 7		20 − 8

4 Bilde Aufgabenfamilien.

a) 5 8 13 b) 7 9 16 c) ? 9 17

5 Wer hat das wenigste Geld?

Tom

Ben

Max

Tauschaufgaben und Umkehraufgaben

1 Schreibe zu jeder Aufgabe die Tauschaufgabe auf. Löse beide Aufgaben.

Rechne und schreibe so:
5 + 7 = 12
7 + 5 = 12

a)	b)	c)	d)
6 + 9	7 + 6	4 + 15	12 + 8
4 + 7	3 + 9	6 + 12	14 + 4
8 + 5	9 + 5	7 + 13	16 + 2
9 + 8	8 + 6	7 + 12	13 + 6

11 12 13 13
14 14 15 17
18 18 18 19
19 19 20 20

2 Rechne. Überprüfe mit der Umkehraufgabe.

Rechne und schreibe so:
16 − 3 = 13
13 + 3 = 16

a)	b)	c)	d)
15 − 7	20 − 8	7 + 8	6 + 3
13 − 4	16 − 7	14 + 3	4 + 4
15 − 8	15 − 9	13 + 7	7 + 5
14 − 6	12 − 6	11 + 9	9 + 6

6 6 7 8 8 8
9 9 9 12 12
15 15 17 20 20

3 Bilde Aufgabenfamilien.

Rechne und schreibe so:

8 6 14

8 + 6 = 14 14 − 6 = 8
6 + 8 = 14 14 − 8 = 6

a) 9 8 17
b) 8 14 6
c) 12 7 5
d) 7 15 8
e) ? 13 7
f) 8 12 ?

g) Bilde eine eigene Aufgabenfamilie.

1: Tauschaufgaben bilden, Aufgabe und Tauschaufgabe lösen 2: Addieren und Subtrahieren, mit der Umkehraufgabe überprüfen
3: Aufgabenfamilien finden und selbst eigene Aufgabenfamilie bilden
AH 4 TÜ 5–6

① a) 6 + 5 b) 14 + 6
6 + 6 14 + 5
6 + 7 14 + 4
6 + 8 14 + 3
6 + 9 14 + 2

② a) 6 + ☐ = 20 b) 7 + ☐ = 15
7 + ☐ = 20 9 + ☐ = 17
8 + ☐ = 20 6 + ☐ = 13
9 + ☐ = 20 8 + ☐ = 16
10 + ☐ = 20 5 + ☐ = 14

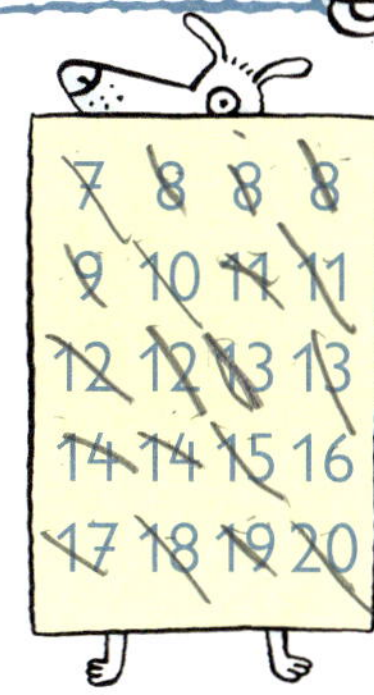

③ a) ☐ + 9 = 15 b) 20 − ☐ = 17
☐ + 5 = 13 13 − ☐ = 9
☐ + 7 = 16 20 − ☐ = 15
☐ + 3 = 12 18 − ☐ = 10
☐ + 9 = 18 16 − ☐ = 8

④ Wahr w oder falsch f ?
Überprüfe mit der Umkehraufgabe.
a) 12 + 7 = 19 b) 16 − 7 = 8
14 + 2 = 17 20 − 8 = 12
9 + 9 = 16 17 − 9 = 8

⑤ Setze das richtige Zeichen: < = > .

a) 9 + 5 ◯ 5 + 9 b) 16 − 9 ◯ 9 + 7 c) 8 + 7 ◯ 15 − 7
12 + 6 ◯ 6 + 12 13 − 5 ◯ 5 + 9 11 + 4 ◯ 15 − 5
15 + 3 ◯ 3 + 15 19 − 6 ◯ 13 + 6 9 + 8 ◯ 20 − 3

6

	☐	
8	☐	
7	☐	3

	20	
13	☐	
9	☐	☐

	20	
☐	☐	
☐	4	☐

⑦ Tom geht mit seinem Onkel ins Museum. Für Erwachsene kostet der Eintritt 8 Euro. Für Kinder kostet der Eintritt nur die Hälfte. Wie viel muss der Onkel für die beiden Karten bezahlen?

⑧ Lisa geht mit ihrer Mutter in den Zirkus. Für Kinder kostet die Karte 6 Euro. Die Karte für Erwachsene kostet doppelt so viel. Wie viel Euro muss Lisas Mutter für die Karten bezahlen?

Addieren und Subtrahieren mit 3 Zahlen

1 Erzähle Rechengeschichten.
Schreibe zu jedem Bild eine Aufgabe und löse sie.

a) 

b) 

2
3 + 8 + 4
9 + 6 + 3
4 + 4 + 4
11 + 3 + 2

3
6 + 5 + __ = 17
7 + 6 + __ = 20
9 + 3 + __ = 15
5 + 5 + __ = 15

4
20 = 13 + 5 + __
16 = 6 + 6 + __
18 = 9 + 3 + __
14 = 2 + 7 + __

5
20 − 4 − 5
15 − 7 − 3
12 − 4 − 5
19 − 3 − 6

6 Rechne vorteilhaft.

a) 8 + 5 + 2
6 + 9 + 4
5 + 4 + 5

b) 16 − 8 − 6
19 − 2 − 9
20 − 4 − 10

c) 12 − 5 + 8
15 + 3 − 5
17 − 9 + 3

d) 16 + 3 − 6
7 + 7 + 3
4 + 8 − 4

2	6	8
8	11	13
13	14	15
15	17	19

7 Bilde Additionsaufgaben und löse sie.

8 Setze das richtige Zeichen: < = >.

4 + 9 + 3 __ 17
10 + 2 + 7 __ 18
12 + 3 + 3 __ 19

16 − 4 − 2 __ 10
20 − 5 − 4 __ 12
17 − 8 − 5 __ 7

9 Wahr w oder falsch f ?

13 > 6 + 3 + 6
15 = 4 + 6 + 5
14 < 3 + 7 + 4

10

Die Summanden sind 8, 5 und 7.
Berechne die Summe.

Der Minuend ist 16 und der Subtrahend ist 9.
Berechne die Differenz.

1: Zu den Rechengeschichten die passende Aufgabe finden und lösen 2 bis 6: Addieren und Subtrahieren
7: Alle möglichen Additionsaufgaben finden und lösen 8: Relationszeichen setzen 9: Aussagen prüfen 10: Aufgaben finden und lösen

AH 4 TÜ 7

① Lege mit Zehnerstreifen. Addiere immer 10. Welche Zehnerzahl erhältst du?

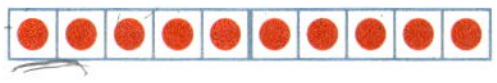

10

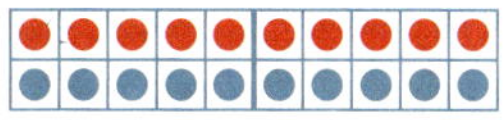

10 + 10 = ___

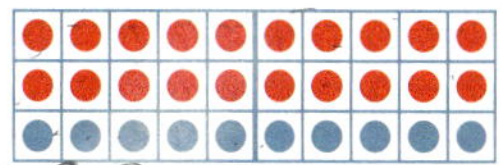

___ + 10 = ___

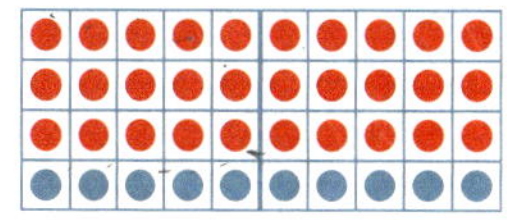

___ + 10 = ___

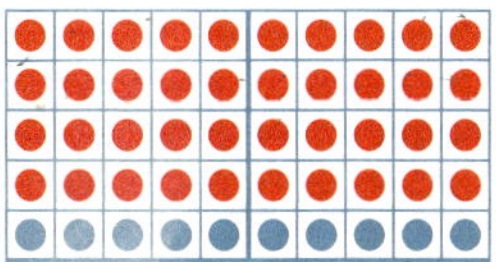

___ + 10 = ___

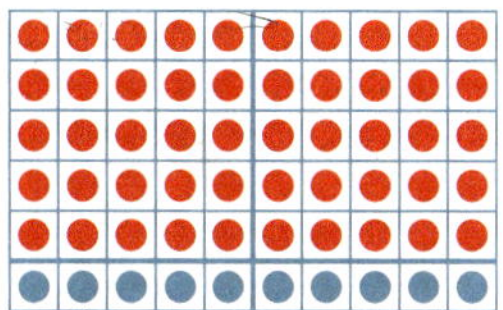

___ + 10 = ___

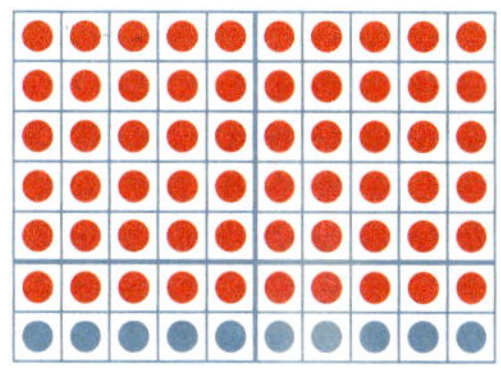

___ + 10 = ___

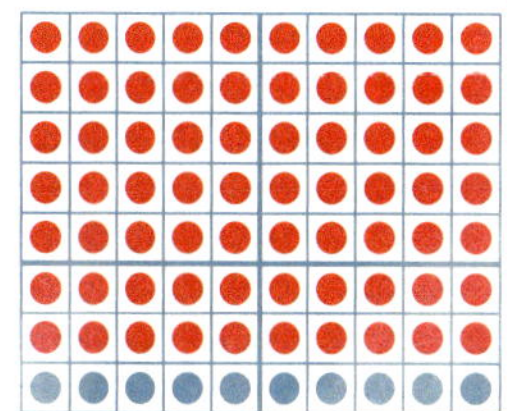

___ + 10 = ___

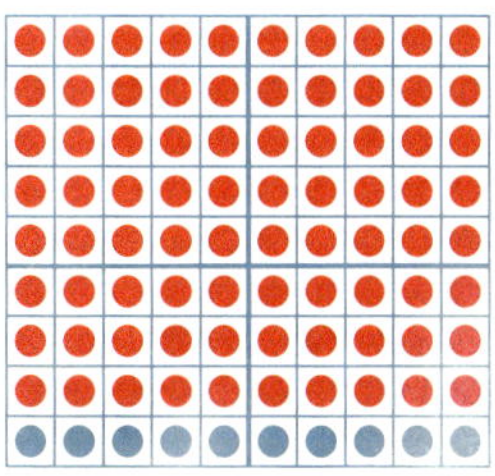

___ + 10 = ___

___ + 10 = ___

② Ordne die Zehnerzahlen. Beginne mit der größten Zahl.

50	30	90	
60	10	40	100
20	80	70	

③ Setze das richtige Zeichen: < oder >.

a) 4 ◯ 7, 40 ◯ 70

b) 6 ◯ 5, 60 ◯ 50

c) 9 ◯ 10, 90 ◯ 100

d) 8 ◯ 4, 80 ◯ 40

e) 1 ◯ 3, 10 ◯ 30

1. Vergleiche und setze das richtige Zeichen ein.
7 ◯ 9, 4 ◯ 3, 10 ◯ 8, 7 ◯ 7, 5 ◯ 3, 6 ◯ 7

2. Ordne die Zahlen. Beginne mit der kleinsten Zahl.
9, 16, 5, 11, 7, 3, 19, 15, 8, 14

Addieren und Subtrahieren mit Zehnerzahlen

1 Zehnersprünge am Zahlenstrahl. Addiere immer 10.

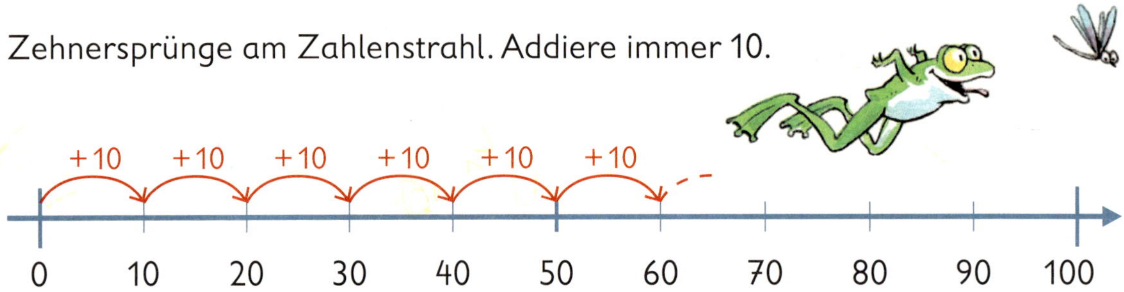

2 Schreibe alle Zehnerzahlen auf,
a) die zwischen den Zahlen 50 und 100 liegen,
b) die zwischen den Zahlen 0 und 20 liegen,
c) die zwischen den Zahlen 30 und 40 liegen.

3 Du erinnerst dich:

Wenn 2 + 4 = 6, dann ist 20 + 40 = 60.	Wenn 8 − 5 = 3, dann ist 80 − 50 = 30.

Addiere.

a) 3 + 6
30 + 60 b) 4 + 5
40 + 50 c) 2 + 7
20 + 70 d) 1 + 7
10 + 70

Subtrahiere.

e) 7 − 3
70 − 30 f) 5 − 1
50 − 10 g) 8 − 4
80 − 40 h) 6 − 4
60 − 40

4
70 + 30 90 − 40
40 + 40 70 − 50
20 + 50 60 − 30
80 + 20 50 − 20

5 Schreibe zu jeder Aufgabe die Tauschaufgabe auf. Löse beide Aufgaben.

40 + 30 50 + 30
20 + 60 60 + 40

1. 2 + 6 4 + 5 6 + 3 6 + 2 5 + 4 3 + 6

2. Kontrolliere mit der Umkehraufgabe.
a) 8 + 7 b) 9 + 6 c) 15 − 9 d) 17 − 9

① Schreibe Aufgabenfamilien auf.

a)

b)

② Lege mit Rechengeld und rechne.

a) 30 ct + 20 ct	b) 90 ct − 70 ct	c) 10 € + 50 €	d) 100 € − 50 €
60 ct + 10 ct	70 ct − 50 ct	40 € + 60 €	80 € − 20 €
40 ct + 10 ct	60 ct − 30 ct	30 € + 40 €	90 € − 30 €

③ Lisa kauft eine Brezel für 50 ct und ein Brötchen für 20 ct. Wie viel muss Lisa bezahlen?

4 Max kauft einen Pfannkuchen für 60 ct und zwei Brötchen für je 20 ct. Wie viel muss er bezahlen?

⑤ a) Welche Bücher könnte Ben für 35 Euro kaufen?
b) Anna hat 20 Euro. Könnte sie dafür den ABC-Trainer und das Englischbuch kaufen?
c) Ben möchte gern alle Bücher haben. Wie viel Geld müssten seine Eltern dafür bezahlen?
d) Welche Bücher würdest du kaufen? Wie viel Geld müsstest du bezahlen?

6 Tom geht mit seinen Eltern in den Zoo. Für den Eintritt bezahlen sie 50 Euro. Die Zooführung kostet nochmal 30 Euro. Toms Vater bezahlt mit einem 100-Euro-Schein. Wie viel Geld bekommt er zurück?

1: Aufgabenfamilien bilden 2: Addieren/Subtrahieren von Geldbeträgen
3 bis 6: Inhalt erfassen, Aufgaben finden und lösen, im Satz antworten
AH 6 TÜ 9–10

1	2	3	4	5	6	7	8	9	10
11	12	13	14	15	16	17	18	19	20
21	22	23	24	25	26	27	28	29	30
31	32	33	34	35	36	37	38	39	40
41	42	43	44	45	46	47	48	49	50
51	52	53	54	55	56	57	58	59	60
61	62	63	64	65	66	67	68	69	70
71	72	73	74	75	76	77	78	79	80
81	82	83	84	85	86	87	88	89	90
91	92	93	94	95	96	97	98	99	100

1 Wie heißen die fehlenden Zahlen?

a) 46, 55

b) 63, 73

c) 83

d) 91

e) 76

f)

2 Schreibe auf.

a) alle Zahlen mit dem Einer 0
b) alle Zahlen mit dem Einer 1
c) alle Zahlen mit dem Einer 5
d) alle Zahlen zwischen 34 und 40
e) alle Zahlen, die über der 54 stehen
f) alle Zahlen, die unter der 63 stehen

3

4 Zeige mit dem Abdeckwinkel auf dem Hunderterfeld.

30, 35, 40, 45, 50, 55, 60

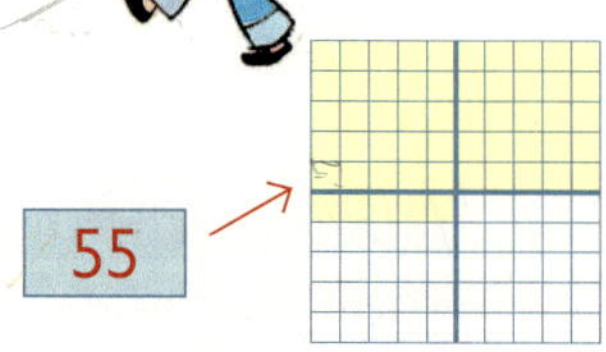

1: Fehlende Zahlen eintragen, Hundertertafel nutzen 2: Zahlen aufschreiben, Hundertertafel nutzen
3: Vorgänger und Nachfolger bestimmen 4: Zahlen mit Hilfe des Abdeckwinkels veranschaulichen
AH 7 TÜ 11–12

Vergleichen und Ordnen der Zahlen bis 100

1 Vergleiche: < = > .

10 + 10 + 7 = ____   10 + 10 + 10 + 3 = ____

2 Zeige die Zahlen am Zahlenstrahl: 39, 55, 21, 44, 76, 88, 99.

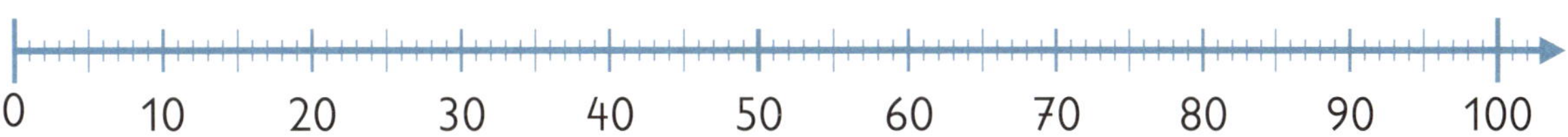

3 Setze das richtige Zeichen: < = > .

a) 33 ◯ 76
61 ◯ 31
73 ◯ 83
28 ◯ 58

b) 32 ◯ 92
72 ◯ 59
100 ◯ 99
64 ◯ 46

c) 14 ◯ 41
86 ◯ 68
17 ◯ 71
49 ◯ 94

4 Ordne die Zahlen. Beginne mit der kleinsten Zahl.

44	31	29	
52	89	65	14
24	98	33	

5 Nenne alle Zahlen zwischen

a) 19 und 24, b) 66 und 71, c) 83 und 100, d) 49 und 53.

6 Zahlen gesucht

So kannst du Sachaufgaben lösen:

Lies die Aufgabe genau durch.
Achte auf
- besondere Wörter,
- Zahlen und Größen.

Unterstreiche sie.

→ Eine Torte hat 16 Stücke.
9 Stücke werden gegessen.
Wie viele Stücke bleiben übrig?

Finde die Frage.
- Wonach wird gefragt?

oder
- Wonach kannst du fragen?

→ Wie viele Stücke bleiben übrig?

Schreibe die Angaben für das Rechnen heraus.

→ 16 Stücke waren vorhanden
9 Stücke wurden gegessen.

Schreibe eine Aufgabe auf. Löse die Aufgabe.

→ 16 – 9 = 7

Antworte im Satz.
Überlege, ob die Antwort zur Frage passt.

→ Es bleiben 7 Stücke von der Torte übrig.

1. Max hat 8 Jungen und 7 Mädchen zum Gartenfest eingeladen.
Wie viele Kinder hat er insgesamt eingeladen?

2. Ben und Lisa blasen 14 Luftballons auf.
Es platzen 6 Luftballons.
Wie viele Luftballons bleiben übrig?

3. Max hat einen Kasten mit 12 Flaschen Saft bereitgestellt.
Lisa bringt noch 8 Flaschen mit.
Wie viele Flaschen Saft können getrunken werden?

4. Der Garten ist mit 6 gelben Laternen, 7 grünen Laternen und 4 Mondlaternen geschmückt. Wie viele Laternen sind das zusammen?

1 bis 4: Schrittfolge zum Lösen der Sachaufgaben anwenden
TÜ ▶ 13

So wollen wir mit Texten arbeiten:
- Wir stellen Fragen zum Text.
- Wir finden zur Frage eine Aufgabe.
- Wir lösen die Aufgabe.
- Wir beantworten die Frage im ganzen Satz.

(1) Max Vater grillt 18 Würstchen. Die Kinder essen davon 9 Würstchen, die Eltern essen 2 Würstchen.

(2) Aus einer Packung mit 20 Trinkhalmen nehmen sich 10 Kinder je einen Trinkhalm.

(3) Lisa steckt 5 rote, 7 blaue und 3 gelbe Schirmchen auf die Eisbecher.

(4) Max hat beim Würfeln nach 7 Würfen eine 6 gewürfelt. Tom muss doppelt so oft würfeln, bevor er eine 6 erzielt.

(5) Beim Rasenkegeln erzielt Tom folgende Punkte: 6, 8 und 5. Maria erreicht die Punkte 7, 9 und 2.

[6] Ben hat beim Pfeilwerfen 18 Punkte erreicht. Maria erzielt nur halb so viele Punkte wie Ben. Anna hat 4 Punkte mehr als Maria erreicht.

(7) Maria hat 18 Glasperlen. Lisa hat 6 Glasperlen weniger als Maria.

Die besonderen Wörter helfen dir die Rechenart zu finden.

(8) Max hat für seine Eisenbahn 4 Personenwagen, 8 Tankwagen und 3 Containerwagen.

(9) Tom hat 12 Märchenbücher. Anna hat 7 Märchenbücher mehr.

[10] Erfinde eigene Rechengeschichten. Verwende die besonderen Wörter.

1 bis 3: Fragen zu den Texten stellen, verschiedene Möglichkeiten diskutieren, Aufgaben finden und lösen, im Satz antworten
4 bis 9: Aufgaben lösen – besondere Wörter in ihrer Bedeutung diskutieren 10: Rechengeschichten erfinden
TÜ ▶ 13

Kann ich das schon?

1

a) 4 + 3
2 + 5
0 + 7
6 + 1
8 + 2

b) 6 + 8
7 + 5
11 + 6
12 + 7
9 + 8

c) 8 − 4
9 − 7
10 − 6
12 − 5
5 − 0

d) 14 − 10
13 − 9
20 − 7
15 − 6
12 − 8

2	4	4	4	4
4	5	7	7	7
7	7	9	10	12
13	14	17	17	19

2

a) 7 + 3 + 5 =
6 + 2 + 4 =
4 + 5 + 5 =
8 + 2 + 6 =
7 + 0 + 8 =

b) 12 − 2 − 7 =
15 − 8 − 5 =
20 − 6 − 10 =
14 − 6 − 3 =
19 − 7 − 4 =

c) 15 − 8 + 3 =
11 + 6 − 12 =
12 − 7 + 15 =
13 + 0 − 7 =
16 + 3 − 6 =

2	3	4
5	5	6
8	10	12
13	14	15
15	16	20

3 Bilde Aufgabenfamilien.

5, 8, 13 | 7, 16, 9 | ?, 9, 17 | 5, ?, 14

4 Welche Zahlen werden hier dargestellt? Schreibe sie auf.

a) 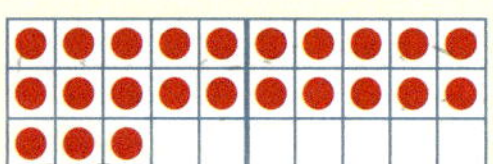

b) 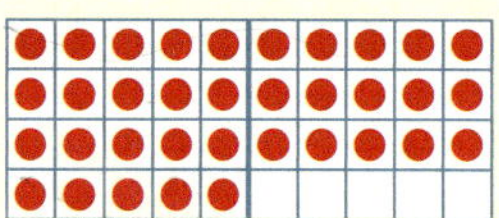

c) 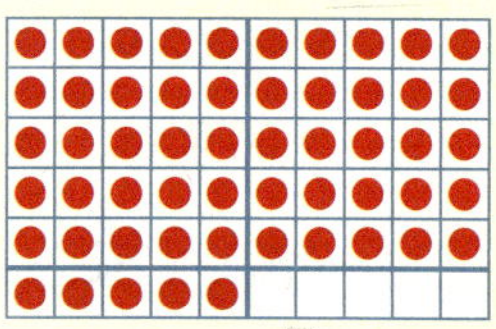

5

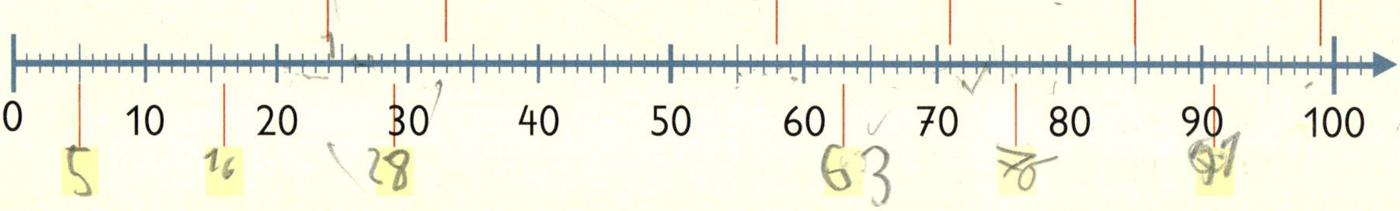

a) Schreibe die gesuchten Zahlen auf.
b) Schreibe die Vorgänger und Nachfolger der gesuchten Zahlen auf.

6 Welche Zahlen liegen zwischen

a) 98 und 100, b) 49 und 53, c) 80 und 83,
d) 19 und 23, e) 81 und 89, f) 69 und 75?

7 Setze das richtige Zeichen ein: < = >.

a)		b)		c)		d)	
17 ◯ 19		51 ◯ 18		70 + 20 ◯ 90		90 − 30 − 40 ◯ 80	
62 ◯ 60		90 ◯ 25		80 − 50 ◯ 40		20 + 60 − 50 ◯ 20	
25 ◯ 24		37 ◯ 61		60 + 40 ◯ 80		70 − 10 + 0 ◯ 60	
91 ◯ 95		16 ◯ 42		90 − 20 ◯ 60		50 + 50 − 80 ◯ 30	

8 a)

	☐	
☐		☐
20	30	20

b)

	80	
☐		☐
10	20	☐

c)

	70	
☐		☐
☐	10	☐

d)

	60	
20		☐
10	☐	☐

e)

	90	
☐		30
☐	☐	20

9 Welche Zahlen fehlen?

14		
24	25	26

36		
	47	
		58

	38	
47	48	

57		59
	68	

	89	
98		100

10 Ordne. Beginne mit dem kleinsten Geldbetrag.
46 €, 18 €, 50 €, 84 €, 25 €, 7 €, 74 €, 15 €

11 Maria hat 13 Sticker gesammelt. Tom hat ihr 6 dazugegeben.
Wie viele Sticker hat Maria nun?

12 Lisa hat 8 Euro. Ben hat 10 Euro mehr als sie.
Wie viel Euro müsste Ben Lisa geben, damit beide gleich viel Geld haben?

Geraden, die einander schneiden

1 Falte so.

Öffne das Blatt und zeichne die Faltlinien nach.

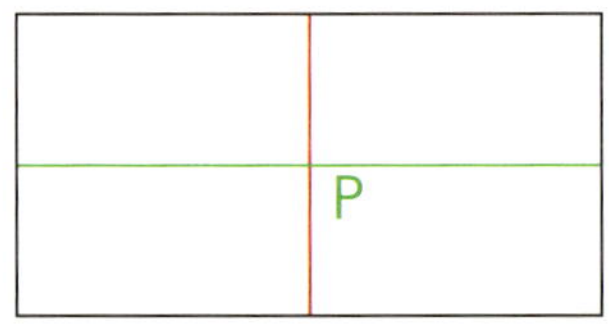

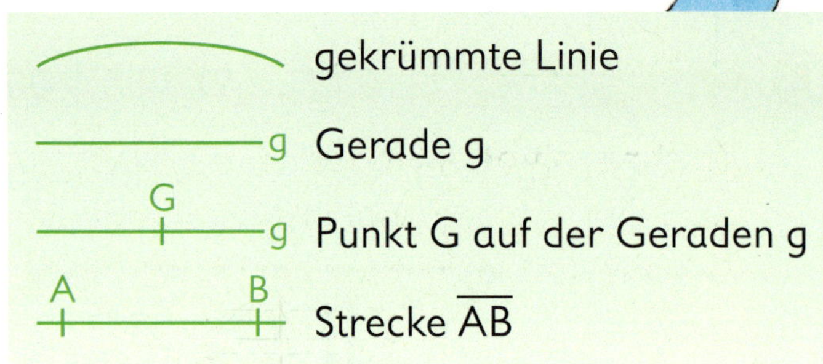

2

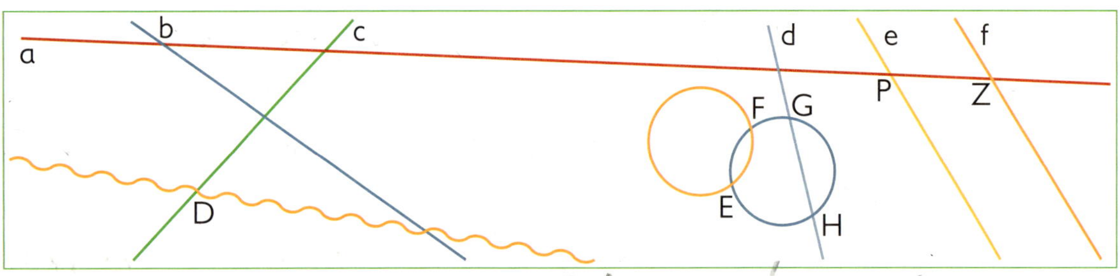

a) Welche Linien sind Geraden? a b c, d, e f

b) Auf welchen Geraden liegt der Punkt P? a e

c) Welche Geraden schneiden einander? b c, a b, a e, a f, a c,

d) In welchen Punkten schneiden sich zwei Geraden? P Z,

3 a) Zeichne zwei Geraden, die einander schneiden.

b) Zeichne drei Geraden so, dass sie einen gemeinsamen Schnittpunkt haben.

4 Zeichne Geraden, die sich so schneiden, dass

a) ein Dreieck entsteht,

b) ein Viereck entsteht.

1: Falten nach Vorgabe, erkennen und nachzeichnen der Faltlinien 2: Benannte Linien finden, Geraden den Schnittpunkten zuordnen 3: Geraden nach Vorgabe zeichnen 4: Dreieck und Viereck entstehen lassen

AH 8 TÜ 14

(1) Welche Geraden sind zueinander parallel? Prüfe mit dem Geodreieck.

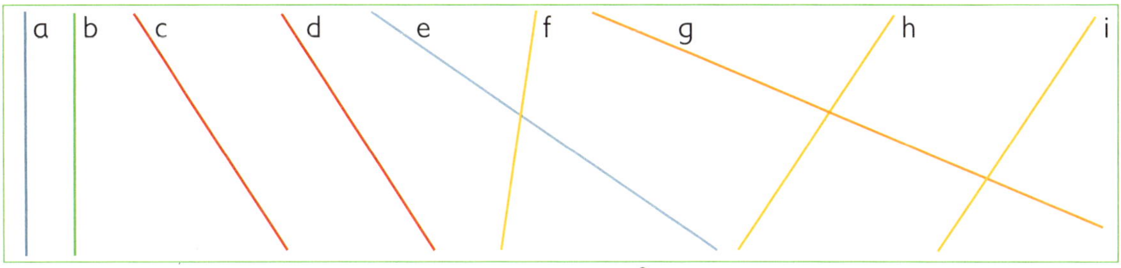

(2) Zeichne mit dem Geodreieck Geraden, die zueinander parallel sind.
Zeichne so:

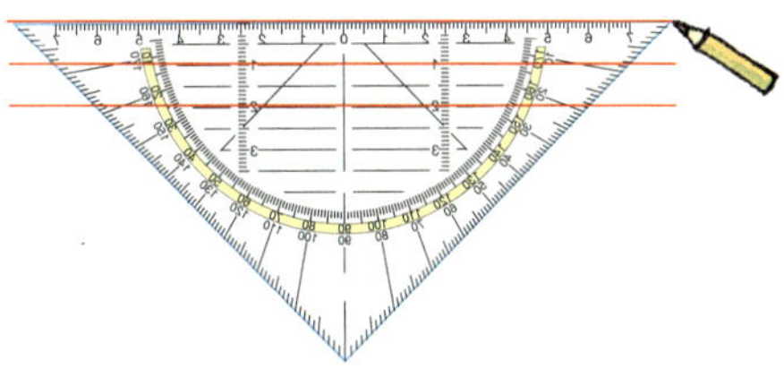

Zwei Geraden sind zueinander parallel, wenn sie einander nicht schneiden. Sie haben überall den gleichen Abstand zueinander.

(3) Zeichne Geraden, die zueinander parallel sind. Der Abstand zwischen den Geraden beträgt:

a) 3 Kästchen b) 5 Kästchen c) 2 Kästchen d) 6 Kästchen

4 a) Zeichne die Geraden f und h mit einem Abstand von 4 Kästchen.
b) Zeichne zwei Geraden m und g mit einem doppelt so großen Abstand wie dem Abstand zwischen den Geraden f und h.

(5) Lege 4 Stäbchen so, dass sie zueinander parallel liegen.

(6) Falte ein Blatt so, dass die Faltlinien zueinander parallel sind.

(7) Zeige an Gegenständen aus dem Klassenzimmer parallele Linien.

1 und 2: Parallele Geraden erkennen, mit dem Geodreieck zeichnen 3 und 4: Geraden nach Vorgabe zeichnen
5: Stäbchen zueinander parallel legen 6: Blatt falten, auch mehr als 2 Linien 7: Parallele Linien horizontal und vertikal zeigen
AH 9 TÜ 15

Geraden, die zueinander senkrecht sind

(1) Stelle einen Faltwinkel her.

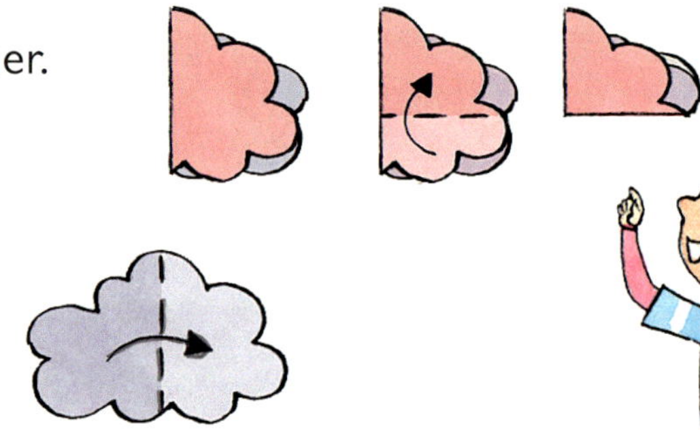

(2) Zeige an Gegenständen im Klassenzimmer rechte Winkel.
Überprüfe mit deinem Faltwinkel.

(3) Falte so.

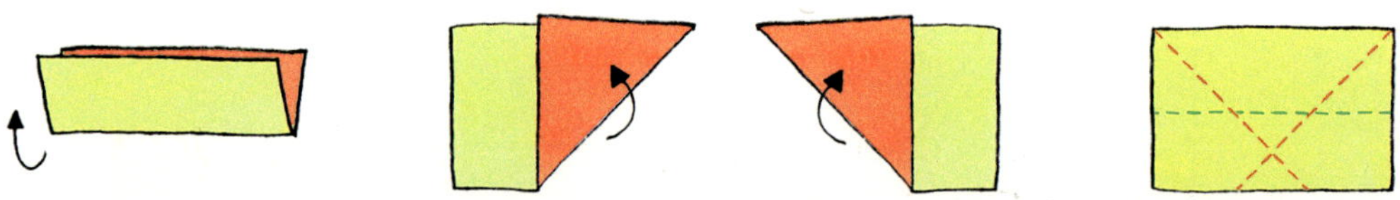

Zeichne die Faltlinien mit verschiedenen Farben ein. Zeige deinem Nachbarn

- ○ Linien, die zueinander senkrecht sind,
- ○ Linien, die nicht zueinander senkrecht sind.

So kannst du prüfen, ob es ein rechter Winkel ist:

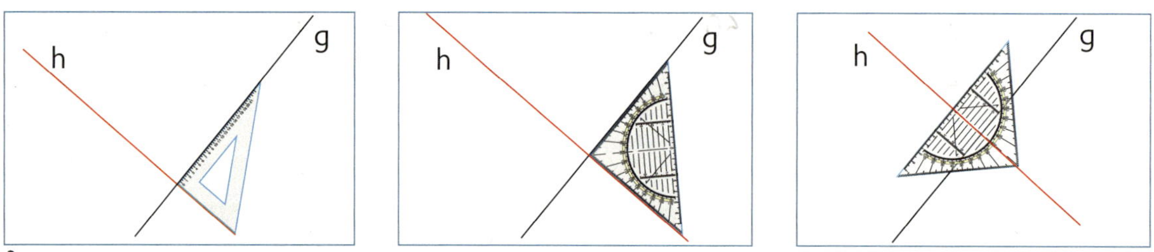

Die Gerade g und die Gerade h sind zueinander senkrecht.
Sie bilden 4 rechte Winkel.

(4) Zeichne Geraden, die zueinander senkrecht sind.

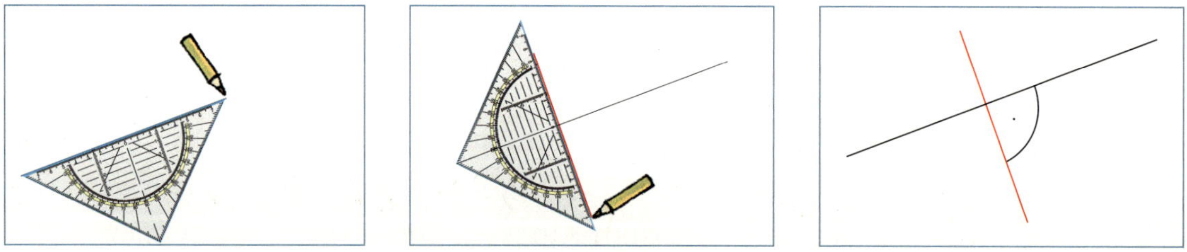

1 und 2: Faltwinkel als rechten Winkel herstellen und zum Überprüfen nutzen
3: Falten nach Vorgabe, Verlauf der Linien erkennen, rechten Winkel überprüfen 4: Geraden nach Vorgabe zeichnen
AH ▶ 10 TÜ ▶ 16

(1) Wie viele Plättchen liegen vor jedem Kind?
Ordne die Aufgaben den Zehnerstreifen zu und löse sie.

20 + 4 = 24 30 + 8 = 38 40 + 5 = 45 30 + 4 = 34 40 + 8 = 48

(2) Welche Zahlen haben die Kinder in Geheimschrift geschrieben?

23 35 54 72

(3) Führe die Aufgabenreihen weiter.

a)	b)	c)	d)
10 + 2 = 12	70 + 5 = 75	50 + 9 = 59	30 + 4 = 34
20 + 2 = 22	60 + 5 = 65	50 + 8 = 58	40 + 5 = 45
30 + 2 = 32	50 + 5 = 55	50 + 7 = 57	50 + 6 = 56
40 + 2 = 42	40 + 5 = 45	50 + 6 = 56	60 + 7 = 67
50 + 2 = 52	30 + 5 = 35	50 + 5 = 55	20 + 8 = 78

(4) Schreibe die Zahlen als Summe aus Zehnern und Einern.

Schreibe so: 93 = 90 + 3 73, 55, 19, 36, 84, 33

(5)
20 + ☐ = 28
40 + ☐ = 44
90 + ☐ = 91
60 + ☐ = 67

(6)
☐ + 4 = 34
☐ + 6 = 66
☐ + ☐ = 16
☐ + ☐ = 49

(7) Die Summe ist 46.
Ein Summand heißt 6.
Wie heißt der andere Summand?

1. 3Z + 4E = ☐ 5Z + 7E = ☐ 8Z + 1E = ☐ 7Z + 5E = ☐

2. Zerlege in Zehner und Einer.
44 = ☐ Z + ☐ E 69 = ☐ Z + ☐ E 97 = ☐ Z + ☐ E 22 = ☐ Z + ☐ E

1: Aufgaben zuordnen und lösen 2: Zahlen bestimmen
3: Aufgabenreihen vervollständigen 4: Zahlen zerlegen 5 bis 7: Summanden bestimmen
AH 11 TÜ 17–18

Ergänzen zum nächsten Zehner

1 Der Bauer legt die Eier in eine Palette. Wie viele Eier passen noch in die Palette? Rechne.

2

a)	b)	c)	d)
3 + ☐ = 10	6 + ☐ = 10	25 + ☐ = 30	68 + ☐ = 70
13 + ☐ = 20	16 + ☐ = 20	34 + ☐ = 40	83 + ☐ = 90
23 + ☐ = 30	26 + ☐ = 30	66 + ☐ = 70	71 + ☐ = 80
33 + ☐ = ☐	36 + ☐ = ☐	52 + ☐ = 60	99 + ☐ = 100

3 a)

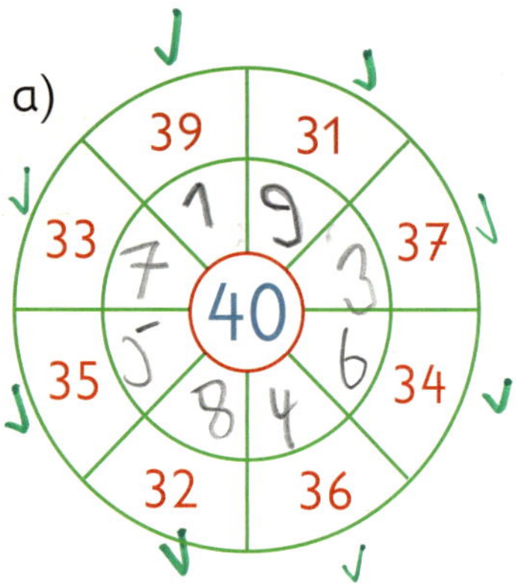

b)

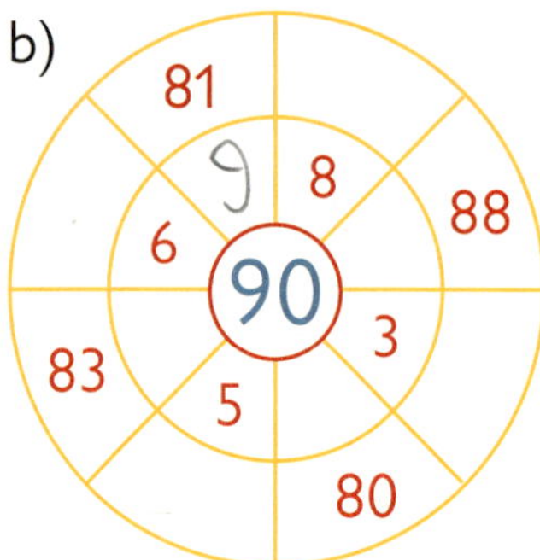

c)

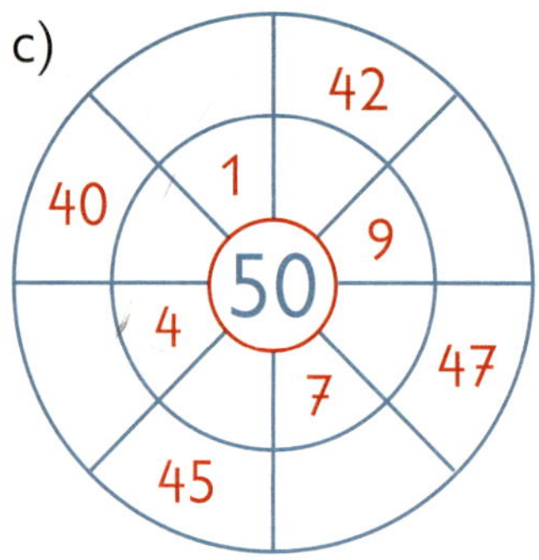

4 Ergänze zum nächsten Zehner.

a)	b)	c)
68 + 2 = 70 ✓	54 + 6 = 60 ✓	12 + 8 = 20 ✓
83 + 7 = 90 ✓	41 + 9 = 50 ✓	32 + 8 = 40 ✓
71 + 9 = 80 ✓	39 + 1 = 40 ✓	52 + 8 = 60 ✓
99 + 1 = 100 ✓	24 + 6 = 30 ✓	62 + 8 = 70 ✓

5 Schreibe die passende Additionsaufgabe auf. Löse sie.

Die Summe ist 70.
Der erste Summand ist 64.
Wie heißt der zweite Summand?

Der erste Summand ist 81.
Die Summe ist 90.
Wie heißt der zweite Summand?

6 Max und Maria kleben eine Wimpelkette mit 100 Wimpeln. Sie haben schon 93 Wimpel geklebt. Wie viele Wimpel müssen sie noch kleben?

1 und 2: Summand/Summe bestimmen 3: Aufgaben finden und lösen
4: Zum nächsten Zehner ergänzen 5 und 6: Inhalt erfassen, Aufgaben finden, lösen und antworten

AH 11 TÜ 17–18

30 − 6 = ___

1

a)	b)	c)
30 − 5	60 − 1	80 − ___ = 75
30 − 4	60 − 2	50 − ___ = 47
30 − 3	60 − 3	20 − ___ = 16
30 − 2	60 − 4	70 − ___ = 61
30 − 1	60 − 5	90 − ___ = 88

2

___ − 9 = 61
___ − 5 = 45
___ − 3 = 67
___ − 6 = 54
___ − 1 = 39

2	3	4
5	9	25
26	27	28
29	40	50
55	56	57
58	59	60
70	70	

3 Schreibe die Zahlen als Differenz aus Zehnern und Einern.

Schreibe so: 64 = 70 − 6 48, 34, 29, 66, 81, 57

4 50 —(− 5)→ ___ 90 —(− 7)→ ___ 40 —(− ___)→ 32 80 —(− ___)→ 74

5 Berechne die Differenz aus den Zahlen 70 und 6.

6 Tom hat 30 Euro gespart. Für 9 Euro kauft er sich eine Taucherbrille. Wie viel Euro hat er noch übrig?

7 Vier Aufgaben haben eine falsche Lösung. Finde diese Aufgaben.

a) 60 − 7 = 53	b) 50 − 5 = 44	c) 53 = 60 − 7	d) 77 = 80 − 4
e) 81 = 90 − 8	f) 44 = 50 − 4	g) 20 − 6 = 14	h) 100 − 5 = 95

1 und 2: Subtrahieren 3: Zahlen als Differenz aus Zehnerzahl und Einer darstellen
4: Rechenbefehl ausführen 5 und 6: Inhalt erfassen, Aufgabe finden und lösen 7: Fehler finden und begründen
AH ▸ 12 TÜ ▸ 18

Addieren einstelliger Zahlen zu zweistelligen Zahlen

32 + 5
Wenn 2 + 5 = 7,
dann ist 32 + 5 = 37.

Löse zuerst die bekannte Aufgabe 2 + 5. Dann kannst du die Lösung übertragen.

1

55 + 4	62 + 6	23 + 4	46 + 3	32 + 5
5 + 4 = 9	2 + 6 = ☐	3 + 4 = ☐	☐ + ☐ = ☐	☐ + ☐ = ☐
55 + 4 = ☐	62 + 6 = ☐	23 + 4 = ☐	☐ + ☐ = ☐	☐ + ☐ = ☐

2

a)	b)	c)	d)
4 + 4	6 + 3	2 + 5	33 + 4
14 + 4	16 + 3	22 + 5	41 + 6
24 + 4	26 + 3	32 + 5	73 + 5
34 + 4	36 + 3	42 + 5	51 + 7
44 + 4	46 + 3	52 + 5	84 + 2

7	8	9	18
19	27	28	29
37	37	38	39
47	47	48	49
57	58	78	86

3

a)	b)	c)	d)
22 + ☐ = 29	35 + ☐ = 36	☐ + 3 = 36	4 + ☐ = 47
81 + ☐ = 89	74 + ☐ = 78	☐ + 7 = 78	2 + ☐ = 75
43 + ☐ = 45	66 + ☐ = 69	☐ + 5 = 69	8 + ☐ = 89

4

+	22	41	53	34	63
4					
5					

5

+	3	4	2	5	6
22					
23					

6 Im Schulchor singen 23 Kinder.
Aus der Klasse 4 a sind noch 6 Kinder hinzugekommen.
Wie viele Kinder sind nun im Chor?

7 In der Arbeitsgemeinschaft „Töpfern“ sind 12 Mädchen und 7 Jungen.
In der Arbeitsgemeinschaft „Malen und Basteln“ sind 14 Jungen und 4 Mädchen. In welcher Arbeitsgemeinschaft sind mehr Kinder?

1 und 2: Addieren 3: Summanden bestimmen 4 und 5: Addieren in Tabellen
6 und 7: Inhalt erfassen, Aufgabe finden, lösen und im Satz antworten

AH 13 TÜ 19

47 – 4

Wenn 7 – 4 = 3,
dann ist 47 – 4 = 43.

1

46 – 4	38 – 5	19 – 6	57 – 4	25 – 4
6 – 4 = 2	8 – 5 = ☐	9 – 6 = ☐	☐ – ☐ = ☐	☐ – ☐ = ☐
46 – 4 = ☐	38 – 5 = ☐	19 – 6 = ☐	☐ – ☐ = ☐	☐ – ☐ = ☐

2

a)	b)	c)	d)
8 – 2	7 – 6	9 – 5	66 – 4
18 – 2	17 – 6	19 – 5	38 – 7
28 – 2	27 – 6	29 – 5	97 – 5
38 – 2	37 – 6	39 – 5	77 – 2
48 – 2	47 – 6	49 – 5	82 – 1

1	4	6	11	14
16	21	24	26	31
31	34	36	41	44
46	62	75	81	92

3

a)	b)	c)	d)
56 – ☐ = 52	28 – ☐ = 21	☐ – 8 = 51	71 = ☐ – 7
79 – ☐ = 77	57 – ☐ = 55	☐ – 3 = 66	45 = ☐ – 4
44 – ☐ = 41	33 – ☐ = 32	☐ – 6 = 22	63 = ☐ – 5

4

–	2	3	4	5	6
27					
59					

5

–	7	6	5	4	3	2
39						
68						

6 Tom sammelt Bilder von Sportlern. Er hat 48 Bilder. Davon hat er 6 Bilder doppelt. Diese schenkt er Max. Wie viele Bilder hat er noch?

9 – 7	6 – 4	7 – 4	8 – ☐ = 4	5 = ☐ – 2
6 – 3	8 – 5	5 – 3	6 – ☐ = 5	7 = ☐ – 1
5 – 5	7 – 6	8 – 7	4 – ☐ = 2	6 = ☐ – 3

Rechne und kontrolliere mit der Umkehraufgabe.

① **Rechne und schreibe so:**
32 + 7 = 39
39 − 7 = 32

a) 41 + 6, 84 + 3, 32 + 4, 51 + 4
b) 22 + 5, 63 + 6, 94 + 5, 42 + 2
c) 82 + 6, 51 + 7, 73 + 4, 63 + 7
d) 24 + 4, 55 + 2, 88 + 1, 75 + 4

② **Rechne und schreibe so:**
49 − 6 = 43
43 + 6 = 49

a) 88 − 6, 59 − 4, 67 − 5, 96 − 4
b) 24 − 3, 69 − 3, 48 − 7, 85 − 3
c) 99 − 8, 28 − 7, 39 − 6, 66 − 5
d) 76 − 1, 33 − 2, 45 − 4, 57 − 3

③ Bilde Aufgabenfamilien.

9 4 13

Rechne und schreibe so:

9 + 4 = 13   13 − 4 = 9
4 + 9 = 13   13 − 9 = 4

a) 6 8 14
b) 5 12 7
c) 7 4 11
d) 15 6 9
e) 8 5 13
f) 12 8 4

④

+	2	5		4
34			37	
52				
				99

−	6	3	7	
67				62
49				
			22	

5

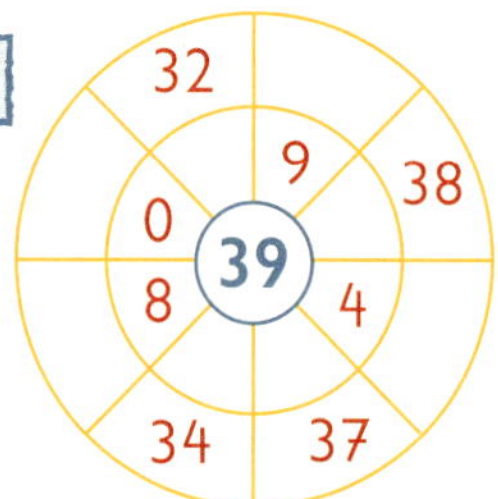

⑥ a)
oben: ☐
Mitte: ☐ ☐
unten: 14 | 2 | 2

b)
oben: ☐
Mitte: 87 | 3
unten: ☐ | 3 | ☐

c)
oben: ☐
Mitte: 30 | ☐
unten: 22 | ☐ | 1

⑦ Lisa sammelt bunte Murmeln.
Sie hat 93 Murmeln.
Anna schenkt ihr noch 6 Murmeln.
Wie viele Murmeln hat Lisa jetzt?

⑧ Von 48 Kindern aus den 2. Klassen
können 7 Kinder schon schwimmen.
Wie viele Nichtschwimmer gibt es
in den 2. Klassen?

1 und 2: Addieren und Subtrahieren mit Kontrolle 3: Aufgabenfamilien bilden 4: Addieren und Subtrahieren
5: Additionsaufgaben bilden und lösen 6: Rechenmauern lösen 7 und 8: Inhalt erfassen, Aufgaben finden und lösen

AH 14 TÜ 20

- Frage stellen
- die passende Aufgabe finden und lösen
- im ganzen Satz antworten

(1) Im Gehege für Kleintiere sind 8 Meerschweinchen, 12 Hamster und 7 Zwergkaninchen.

(2) Im Streichelzoo waren insgesamt 39 Tiere. Davon wurden 6 Tiere an den Tierpark abgegeben.

(3) Maria hat beim Sportfest den Ball 30 Meter weit geworfen. Anna hat noch 7 Meter weiter geworfen.

(4) Für den Besuch des Puppentheaters haben sich 68 Kinder angemeldet. Davon haben 6 Kinder noch keine Eintrittskarte bekommen.

5 In der Klasse 2a gibt es 11 Schwimmer. Die Klasse 2b hat 3 Schwimmer und in der Klasse 2c gibt es doppelt so viele Schwimmer wie in der Klasse 2b.

(6) Eine Tageskarte für das Schwimmbad kostet für Erwachsene 16 Euro. Kinder zahlen nur die Hälfte.

7

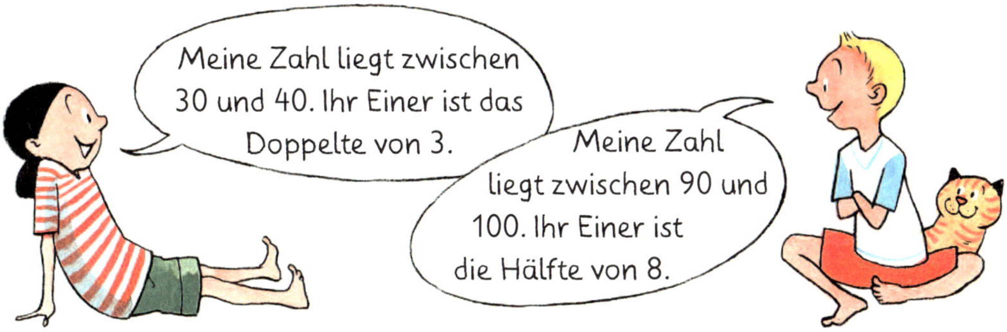

1 bis 6: Fragen stellen und diskutieren, Aufgaben finden und lösen, im ganzen Satz antworten
7: Gesuchte Zahl finden

Addieren mit Zehnerübergang

Anna rechnet und schreibt so:

	27 + 5
○ 2. Summanden zerlegen	27 + 3 = 30
○ zum Zehner ergänzen	30 + 2 = 32
○ Rest addieren	**27 + 5 = 32**

Annas Rechenweg:

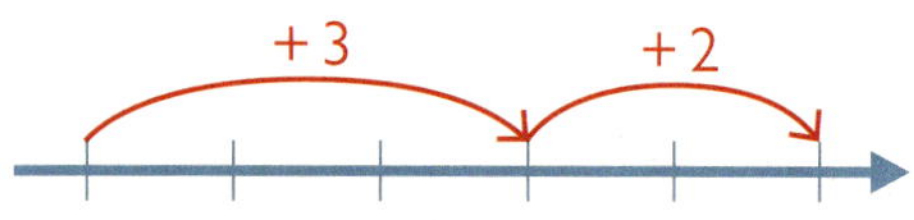

① Rechne und schreibe auf wie Anna.

	a)	b)	c)
46 + 9	35 + 8	63 + 9	28 + 4
46 + 4 = 50	66 + 5	47 + 6	37 + 7
50 + ☐ = ☐	52 + 9	25 + 7	88 + 8
46 + 9 = ☐	49 + 9	36 + 6	74 + 7

32	32	42	43
44	53	58	61
71	72	81	96

Ben rechnet und schreibt so:

○ erst die bekannte Aufgabe lösen		27 + 5
○ das Ergebnis übertragen	Wenn	7 + 5 = 12,
	dann ist	**27 + 5 = 32.**

Bens Rechenweg:

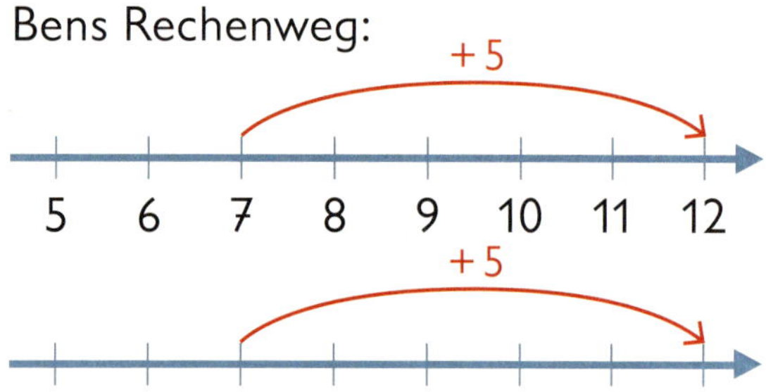

② Rechne wie Ben.

a)	b)	c)	d)	e)	f)
48 + 6	63 + 9	64 + 8	69 + 5	28 + 6	43 + 9
38 + 6	73 + 9	58 + 4	84 + 8	83 + 9	55 + 6

8 + 5, 2 + 9, 7 + 7, 6 + 6, 6 + 9, 8 + 8, 3 + 8, 9 + 7, 5 + 9, 8 + 3

1 und 2: Addieren nach vorgegebenem Rechenweg
AH 15 TÜ 22–23

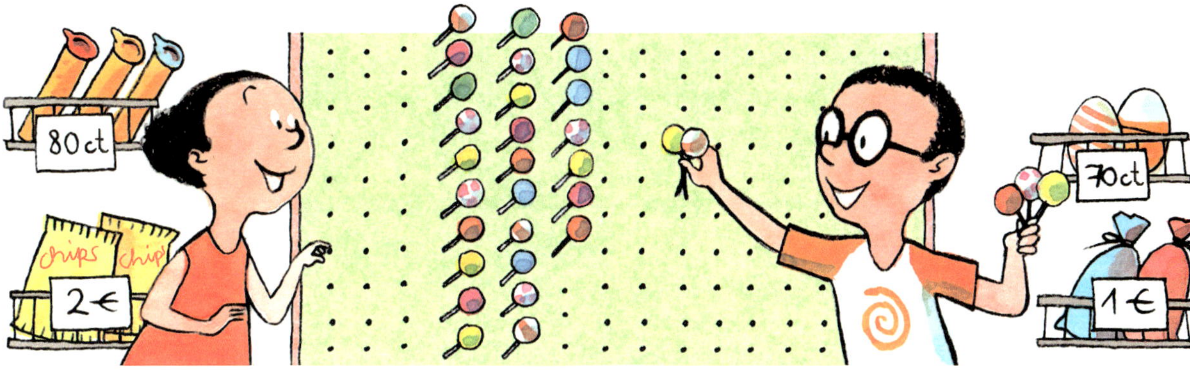

Maria rechnet und schreibt so:

- 2. Zahl zerlegen
- zum Zehner subtrahieren
- Rest subtrahieren

32 − 5
32 − 2 = 30
30 − 3 = 27
32 − 5 = 27

Marias Rechenweg:

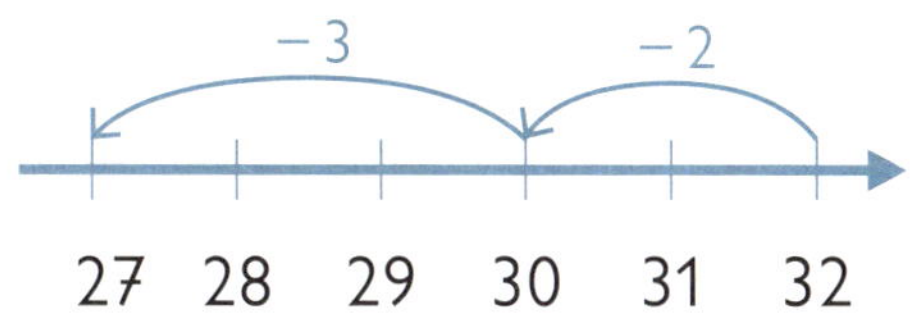

1 Rechne und schreibe wie Maria.

73 − 6
73 − 3 = 70
70 − ☐ = ☐
73 − 6 = ☐

a)	b)	c)
81 − 3	95 − 8	25 − 9
64 − 5	52 − 6	44 − 8
23 − 4	83 − 8	96 − 9
54 − 7	45 − 9	72 − 7

16	19	36	36
46	47	59	65
75	78	87	87

Tom rechnet und schreibt so:

- erst die bekannte Aufgabe lösen
- das Ergebnis übertragen

32 − 5
Wenn 12 − 5 = 7,
dann ist **32 − 5 = 27.**

Toms Rechenweg:

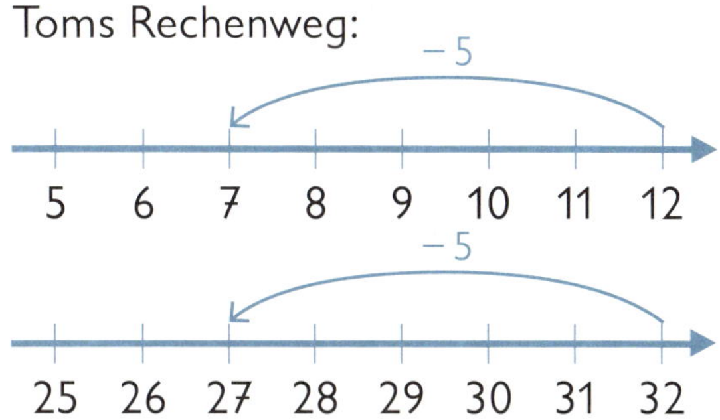

2 Rechne und schreibe wie Tom.

22 − 7
12 − 7 = 5
22 − 7 = ☐

a)	b)	c)
35 − 8	91 − 7	43 − 6
43 − 5	73 − 4	91 − 9
24 − 8	44 − 6	52 − 7
62 − 9	85 − 7	35 − 6

16	27	29	37
38	38	45	53
69	78	82	84

1 und 2: Subtrahieren nach vorgegebenem Rechenweg
AH 15 TÜ 23

Addieren und Subtrahieren

1 Schreibe zu jedem Zahlenstrahl eine Gleichung mit + und eine Gleichung mit − in dein Heft.

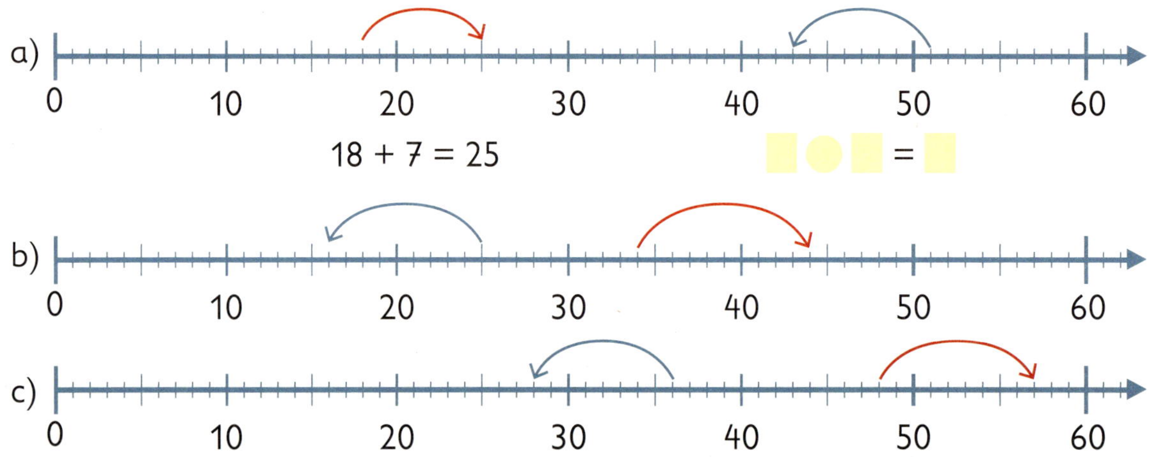

2

67 —(+ 5)→ ☐ ; ☐ —(− ☐)→ 67

43 —(+ 8)→ ☐ ; ☐ —(− ☐)→ 43

☐ —(+ ☐)→ 84 ; 84 —(− 6)→ ☐

☐ —(+ ☐)→ 52 ; 52 —(− 9)→ ☐

3

a)	b)	c)
35 + 8	94 − 7	46 + ☐ = 54
93 − 6	55 − 9	17 + ☐ = 24
77 − 8	37 − 8	62 − ☐ = 55
52 + 9	63 − 5	41 − ☐ = 36

4

38 = 29 + ☐
54 = 47 + ☐
63 = 72 − ☐
88 = 93 − ☐

5	5	7	7
7	8	9	9
29	43	46	58
61	69	87	87

5

Rechenmauer 1: oben 54; Mitte 45, ☐; unten ☐, 8, ☐

Rechenmauer 2: oben ☐; Mitte 93, ☐; unten 88, ☐, 1

Rechenmauer 3: oben 38; 22, ☐; ☐, 7, ☐; unten ☐, 3, ☐, ☐

6

+	4	7	5	3	9
47					
88					

7

−	6	9	4	8	5
63					
94					

8 Tom ist 8 Jahre alt.
Sein Vater ist 26 Jahre älter.
Wie alt ist Toms Vater?

9 Marias Mutter ist 36 Jahre alt.
Maria ist 9 Jahre alt. Wie viele Jahre ist die Mutter älter?

1: Gleichungen zu graphischen Darstellungen finden 2 bis 4: Addieren und Subtrahieren 5: Rechenmauern lösen
6 und 7: Addieren und Subtrahieren in Tabellen 8 und 9: Inhalt erfassen, Aufgabe finden und lösen, im Satz antworten

AH 16–17 TÜ 22–24

(1) Zu jedem Zahlenstrahl gehören zwei Aufgaben. Schreibe sie auf und löse sie.

a) 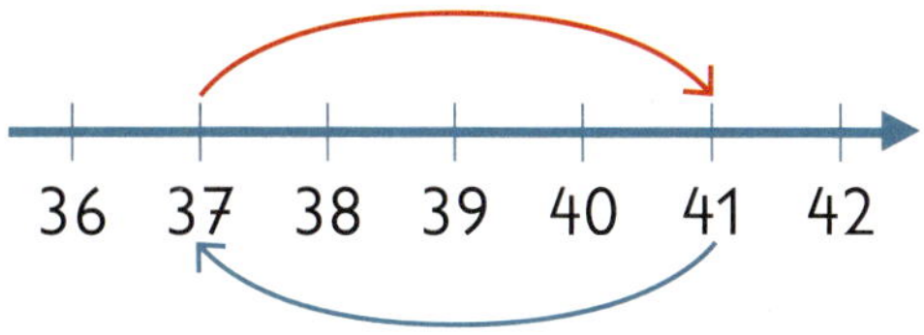

b) 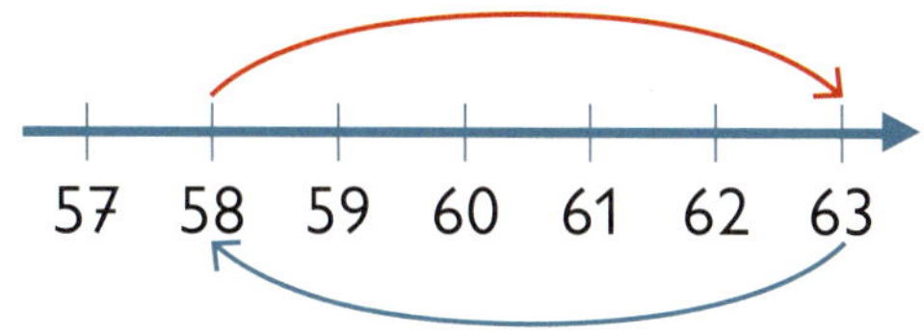

c) 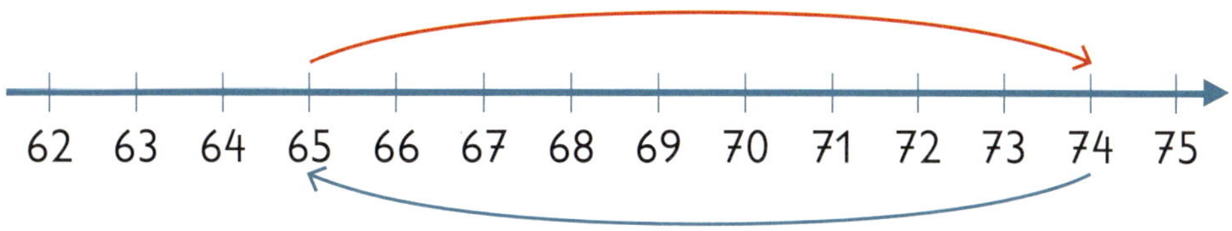

(2)

a)	b)	c)	d)
25 + 7	36 − 9	72 + ___ = 81	84 − ___ = 76
83 + 9	74 − 7	55 + ___ = 62	25 − ___ = 18
44 + 8	63 − 5	24 + ___ = 33	72 − ___ = 64
57 + 4	41 − 6	38 + ___ = 42	93 − ___ = 85

4	7	7	8
8	8	9	9
27	32	35	52
58	67	61	92

3

a)	b)	c)
___ + 28 = 35	___ + 5 = 43	___ − 3 = 59
___ + 88 = 94	___ + 4 = 22	___ − 8 = 65
___ + 47 = 55	___ + 7 = 62	___ − 2 = 79
___ + 66 = 74	___ + 9 = 33	___ − 4 = 87

6	7	8	8
18	24	38	55
62	73	81	91

(4) Setze das richtige Zeichen: < = > .

a)	b)	c)	d)
27 + 9 ◯ 35	44 − 7 ◯ 38	55 ◯ 43 + 8	63 ◯ 71 − 9
37 − 5 ◯ 44	61 − 9 ◯ 52	83 ◯ 79 + 6	85 ◯ 92 − 7
58 + 4 ◯ 62	77 − 8 ◯ 66	46 ◯ 38 + 8	55 ◯ 65 − 9
46 − 9 ◯ 46	38 − 9 ◯ 29	74 ◯ 67 + 7	78 ◯ 82 − 5

(5) Bilde Aufgabenfamilien.

a) 9 8 17   b) 6 15 9   c) 13 6 7

(6) Ben hat 27 Euro gespart. Er bekommt von seinem Opa 6 Euro geschenkt. Sein Freund Konrad hat 24 Euro gespart und bekommt von seiner Mutter 9 Euro geschenkt. Wer hat mehr Geld?

1 Im Baumarkt kauft Herr Lange für 42 m Leisten. Sein Nachbar Herr Heinze benötigt 8 m weniger. Wie viele Meter kauft Herr Heinze?

2 Maria hat eine Wimpelkette von 10 m Länge geklebt.

a) Ben und Anna kleben ihre Wimpelketten zusammen. Nun haben sie eine doppelt so lange Kette wie Maria. Wie viele Meter lang ist ihre Kette?

b) Die Kette von Max, Lisa und Tom ist dreimal so lang wie die Kette von Maria. Wie viele Meter lang ist diese Kette?

c) Wie lang sind alle drei Ketten zusammen?

3 Toms Vater gibt Tom einen 40 cm langen Holzstab und sagt: „Zersäge den Stab so, dass du aus den Teilen ein Quadrat legen kannst."
Tom überlegt und beginnt zu sägen.

a) Wie viele kleine Holzstücke wird er sägen?

b) Wie lang werden seine Holzstücke sein?

c) Wie oft muss er sägen?

4 Erzähle Rechengeschichten.
Verwende dabei die besonderen Wörter.

1 bis 3: Inhalt erfassen, besondere Wörter finden und deuten, Aufgabe bilden und lösen, im ganzen Satz antworten
4: Eigene Rechengeschichten erfinden und lösen
TÜ 25

(1)

Der ICE-Wagen hat
66 Plätze. Davon sind
9 Plätze noch frei.
Wie viele Plätze sind besetzt?

(2)

Im Schulbus sitzen 32 Kinder. An der 1. Haltestelle steigen 7 Kinder aus. An der 2. Haltestelle steigen 9 Kinder aus. Die 3. Haltestelle ist die Endhaltestelle. Wie viele Kinder steigen dort aus?

(3) Der Schulbus fährt am Vormittag zweimal.
Bei der ersten Fahrt hat er 34 Kinder zur Schule gebracht.
Bei der zweiten Fahrt waren es 8 Kinder weniger.
Wie viele Kinder sind bei der zweiten Fahrt mitgefahren?

(4) Im Reisebus nach Dresden wurden 46 Koffer und 9 Taschen eingeladen.
Der Reisebus nach Erfurt nahm 54 Gepäckstücke mit.
Welcher Reisebus hat mehr Gepäckstücke transportiert?

(5) Am Fahrkartenautomaten haben an einem Tag 78 Reisende eine Fahrkarte gekauft. Das waren 9 Fahrkarten mehr als am Vortag. Wie viele Reisende haben am Vortag eine Fahrkarte gekauft?

[6] Maria fährt mit ihren Eltern und ihrem Bruder mit dem Bus nach Weimar. Die Fahrkarte für einen Erwachsenen kostet 20 Euro. Die Kinderkarte kostet die Hälfte. Wie viel muss Marias Familie für die Busfahrt insgesamt bezahlen?

[7] Max kauft zwei Lesehefte und ein Knobelheft für die lange Reise. Dafür bezahlt er 9 Euro. Seine Mutter hat sich ein Buch gekauft und dafür das Doppelte bezahlt. Wie viel Geld haben sie insgesamt ausgegeben?

1 bis 7: Inhalt erfassen, besondere Wörter finden und deuten, Aufgaben finden und lösen, im ganzen Satz antworten

TÜ ▶ 25

Rechnen mit Geld

Erinnere dich:
1 € = 100 ct

(1) Ordne die Münzen und Scheine der Größe nach.
Beginne mit dem kleinsten Geldwert.

(2) a) Welches der Kinder hat das meiste Geld gespart? Schätze zuerst.

Anna Lisa Max Ben

b) Wahr (w) oder falsch (f)? Max hat mehr Geld gespart als Lisa.
Anna hat weniger Geld gespart als Ben.
Lisa und Anna haben gleich viel Geld gespart.

(3) Lege mit möglichst wenigen Scheinen und Münzen.
Kontrolliere mit deinem Nachbarn.

12 ct, 20 €, 77 €, 25 ct, 68 ct, 85 €, 100 ct, 99 €, 12 € 20 ct, 25 € 70 ct

(4) Lege und rechne.

a) 24 € + 5 €
18 € + 8 €
62 € + 8 €

b) 38 € − 8 €
53 € − 4 €
75 € − 7 €

c) 42 € + ___ € = 50 €
13 € + ___ € = 21 €
25 € − ___ € = 18 €

7 €	8 €	8 €
26 €	29 €	30 €
49 €	68 €	70 €

(5) Wie viel Geld könnte es sein? Lege und male verschiedene Möglichkeiten.

a) 5 verschiedene Münzen
b) 4 gleiche Münzen
c) 3 verschiedene Scheine
d) 3 gleiche Scheine

(6) Anna hat 7 Euro weniger als Lisa. Zusammen haben sie 19 Euro.
Wie viel Geld hat Anna, wie viel Lisa?

1. Lisa kauft sich ein Computerspiel und eine CD.
   a) Wie viel Geld muss Lisa bezahlen?
   b) Lisa bezahlt mit zwei 20-Euro-Scheinen. Wie viel Geld bekommt sie zurück?
   c) Welche Münzen und Scheine könnten es sein?

2. Ben möchte sich zwei Computerspiele kaufen.
   Er hat schon 42 Euro gespart. Wie viel Geld fehlt ihm noch?

3. Max hat zum Geburtstag 50 Euro geschenkt bekommen.
   a) Was könnte er sich dafür kaufen? Schreibe zwei Möglichkeiten auf.
   b) Wie viel Geld würde Max jeweils zurückbekommen?

4. Überprüfe, ob die richtigen Geldbeträge zurückgegeben wurden.

Ich habe gekauft:				
Ich bezahle mit:				
Ich erhalte zurück:	5 €	0 €	6 €	9 €

5. Anna kauft sich von ihrem ersparten Geld ein Computerspiel, eine DVD und ein Hörspiel. An der Kasse bekommt sie 12 Euro zurück. Mit wie viel Geld hat sie bezahlt?

6. Was könntest du dir für 100 Euro kaufen? Schreibe verschiedene Möglichkeiten auf.

1, 2 und 5: Aufgaben bilden und lösen 3 und 6: Aufgaben bilden und lösen, verschiedene Möglichkeiten angeben
4: Rechnungen anhand vorgegebener Angaben überprüfen
AH 19 TÜ 26

Kilogramm – Gramm

① Vergleiche

Du sprichst: ... ist schwerer als...
... ist leichter als...
... ist gleich schwer wie...

② a) Baue zusammen mit deinem Nachbarn eine solche Waage.

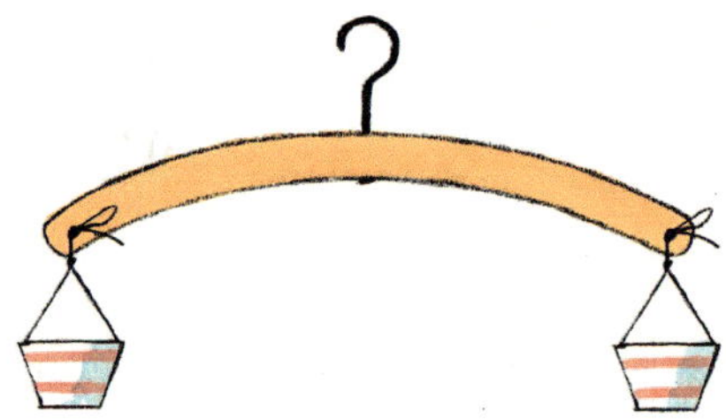

b) Vergleiche durch Wiegen:
- ◯ 5 Steckwürfel mit 5 Faserstiften
- ◯ 10 Büroklammern mit 1 Radiergummi
- ◯ 1 Füller mit 4 Farbstiften
- ◯ 1 Anspitzer mit 1 Radiergummi
- ◯ 1 20-Cent-Münze mit 4 10-Cent-Münzen
- ◯ 2 Bleistife mit 2 Farbstiften
- ◯ 3 Stück Kreide mit 3 Steckwürfeln

③ Jede Waage hat einen anderen Namen. Frage deine Eltern oder andere Erwachsene nach den Namen.
Wo werden diese Waagen verwendet?

a)

b)

c)

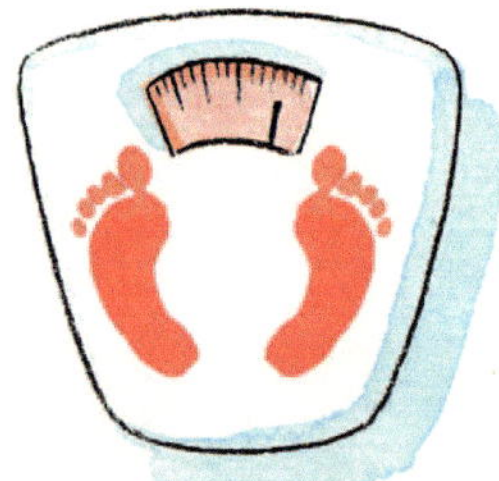

d)

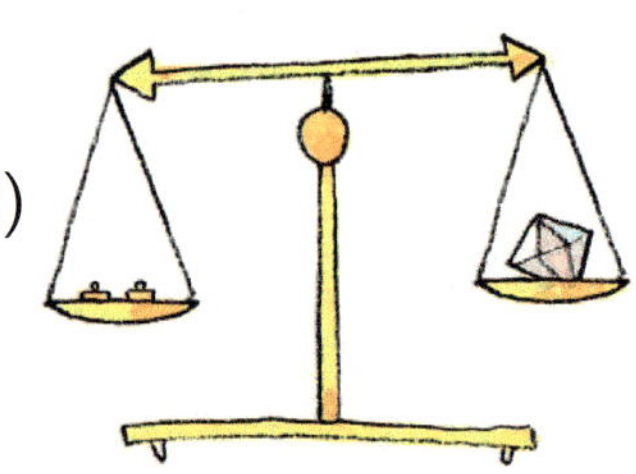

e)

1: Beim Vergleichen die richtigen Begriffe verwenden 2: Waage bauen und nach Vorgabe wiegen, Ergebnis deuten
3: Namen und Verwendung der Waagen erkunden

Die Masse (das Gewicht) wird in Kilogramm oder Gramm gemessen. Das Messgerät ist die Waage.

Du sprichst:	Ein Kilogramm	1 Gramm	
Du schreibst:	1 kg	1 g	1 kg = 1000 g

1 Erkunde, was folgende Dinge wiegen. Schreibe auf:

1 Tüte Zucker	☐ kg oder ☐ g	1 Tafel Schokolade	☐ kg oder ☐ g
1 Brot	☐ kg oder ☐ g	1 Banane	☐ kg oder ☐ g
1 Netz Orangen	☐ kg oder ☐ g	1 Ei	☐ kg oder ☐ g
1 Netz Kartoffeln	☐ kg oder ☐ g	1 Würstchen	☐ kg oder ☐ g

2 Kilogramm oder Gramm? Schreibe so in dein Heft: a) 1 g

a) 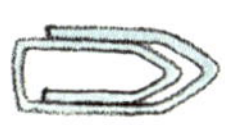 1 ☐

b)  5 ☐

c)  20 ☐

d)  50 ☐

e)  5 ☐

f)  4 ☐

3 Wie viel wiegt der Korb mit den Äpfeln?

1: Masse (Gewicht) in kg oder g angeben 2: Richtige Einheiten zuordnen
3: Gewicht in kg angeben

Kann ich das schon?

1

a)	b)	c)	d)
47 + 8	9 + 34	52 − 4	56 + ☐ = 62
72 + 9	7 + 77	87 − 9	34 + ☐ = 41
88 + 5	4 + 48	31 − 6	93 − ☐ = 88
38 + 6	2 + 89	93 − 7	81 − ☐ = 74

5	6	7	7
25	43	44	48
52	55	78	81
84	86	91	93

2 Setze das richtige Zeichen: < = >.

a)	b)	c)
48 + 8 > 52	34 = 41 − 7	83 + 8 > 87 − 4
62 + 9 < 71	26 < 34 − 7	44 + 5 < 42 − 4
74 + 7 < 82	44 = 52 − 8	62 + 9 < 78 − 6
29 + 6 > 32	57 > 64 − 9	91 + 5 > 93 − 8

3 Wie viel Euro sind es?

a)  = 33

b)  = 74

c)  = 92

4

+	5	6	9	4	8
36	41	42	46	40	45
77	82	83			

5

−	8	5	7	6	9
55					
81					

6

44 → (+ 9) → ☐ ; ☐ → (− ☐) → 44

87 → (+ 6) → ☐ ; ☐ → (− ☐) → 87

☐ → (+ ☐) → 92 ; 92 → (− 5) → ☐

☐ → (+ ☐) → 66 ; 66 → (− 8) → ☐

7 Stelle Fragen. Finde die Aufgabe und löse sie. Antworte im ganzen Satz.

a) Ben hat 46 Euro gespart. Er kauft sich für 9 Euro einen Fußball.

b) Lisa hat 22 Euro in der Geldbörse. Sie bezahlt 8 Euro für die Kinokarte.

8 ➕ oder ➖? Trage die Rechenzeichen ein.

a) 33 − 6 = 26 ◯ 1
52 ◯ 9 = 58 + 3
91 + 8 = 95 ◯ 4

b) 44 ◯ 7 = 46 − 9
79 + 2 = 85 ◯ 4
61 − 0 = 59 ◯ 2

c) 86 ◯ 9 = 79 ◯ 2
56 ◯ 8 = 61 ◯ 3
45 ◯ 6 = 48 ◯ 9

9 Bilde Aufgabenfamilien.

a) 17 8 9

b) 9 14 5

c) 7 6 13

10 An welchen Figuren findest du Strecken, die parallel zueinander sind?
Schreibe die Strecken auf.

Schreibe so:
$\overline{AB}$ verläuft parallel zu $\overline{CD}$.

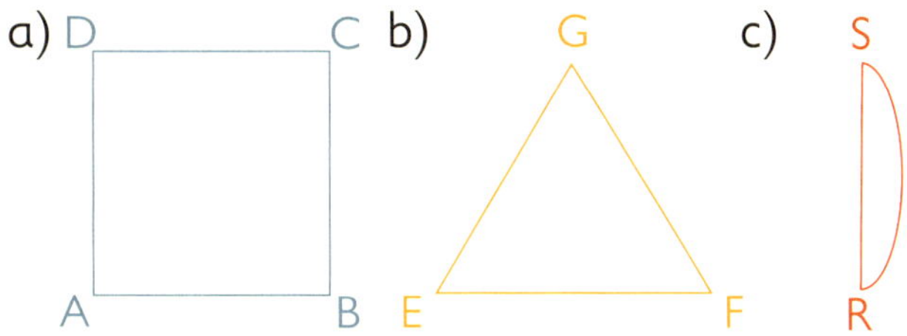

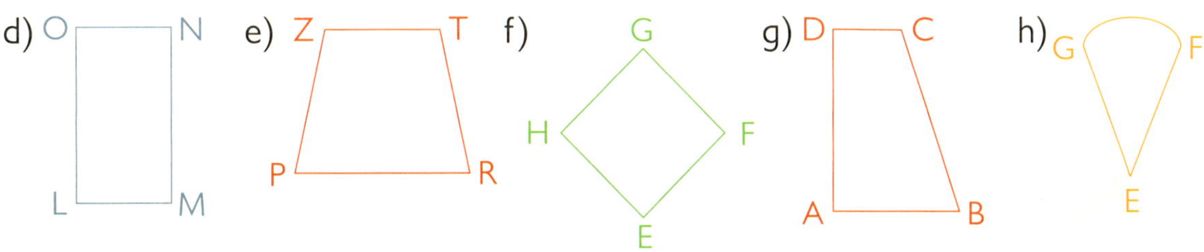

11 Zeichne die Figuren in dein Heft.
Wie viele rechte Winkel findest du an jeder Figur?

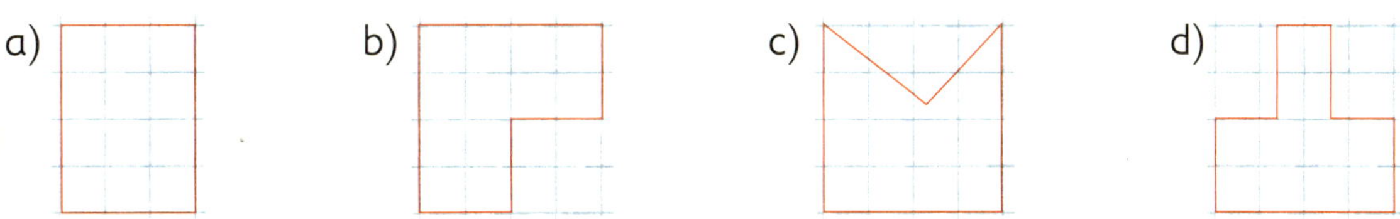

12 Übertrage das Muster in dein Heft.
Erfinde andere Muster mit parallelen Linien.

Dreiecke und Vierecke

Dreiecke: 

Vierecke: 

① Zeige im Klassenzimmer Gegenstände, an denen du Dreiecke und Vierecke erkennst.

② Arbeite mit dem Figurensatz. Vergleiche mit deinem Nachbarn.

a) Lege verschiedene Dreiecke.

b) Lege verschiedene Vierecke.

③ Arbeite mit Stäbchen.

a) Lege die Figuren nach.

b) Lege verschiedene Dreiecke und Vierecke.

c) Lege Figuren aus Dreiecken und Vierecken.

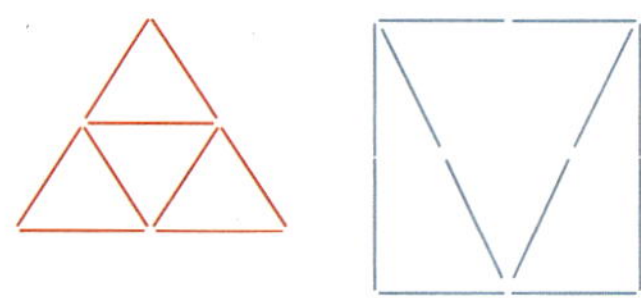

4 Lege die Figur mit Stäbchen.
Nimm ein Stäbchen so weg, dass 3 Vierecke entstehen.

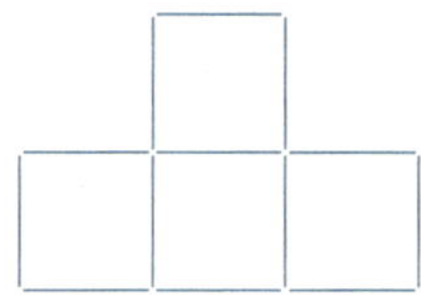

⑤ Arbeite mit dem Geobrett.

a) Spanne die Figuren nach.

b) Spanne andere Figuren.

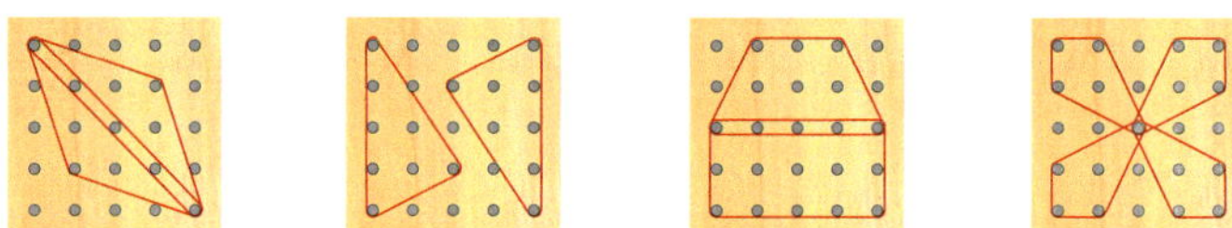

6 Zeichne ein Dreieck mit den Eckpunkten A, B, C und ein Viereck mit den Eckpunkten A, B, C, D. Schreibe darunter die vollständigen Merksätze.

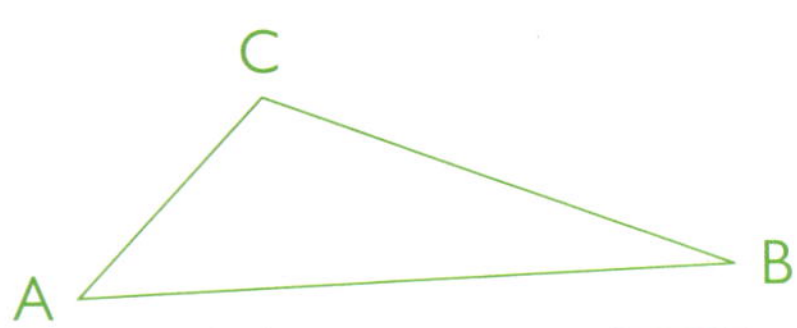

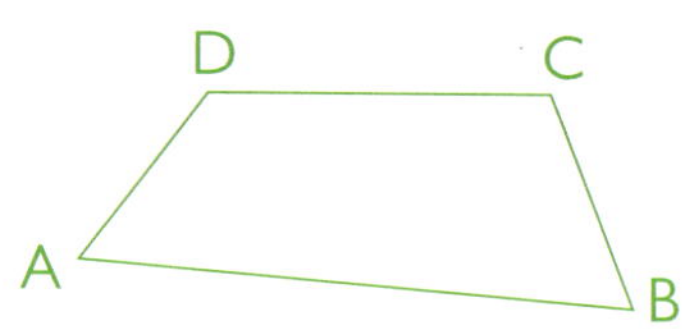

- A, B, C sind die ___ des Dreiecks.
- $\overline{AB}$, $\overline{BC}$, $\overline{CA}$ sind die ___ des Dreiecks.
- Ein Dreieck hat ___ Eckpunkte und ___ Seiten.

- A, B, C, D sind die ___ des Vierecks.
- $\overline{AB}$, $\overline{BC}$, $\overline{CD}$, $\overline{DA}$ sind die ___ des Vierecks.
- Ein Viereck hat ___ Eckpunkte und ___ Seiten.

1: Dreiecke und Vierecke in der Umwelt erkennen 2 und 3: Dreiecke und Vierecke legen
4: Anzahl der Vierecke nach Vorgabe verändern 5: Figuren spannen 6: Merkmale erkennen und aufschreiben

AH 20 TÜ 27

(1) Übertrage die Punkte A, B, C und D in dein Heft.
Verbinde sie so miteinander, dass 4 Dreiecke entstehen.
Gib die Eckpunkte der Dreiecke an.

Schreibe so:
Dreieck ABC

[2] Aus einem Viereck sollen 8 gleich große Dreiecke entstehen.
So kannst du vorgehen:

1. Schritt: 2. Schritt: 3. Schritt: 4. Schritt: 5. Schritt:

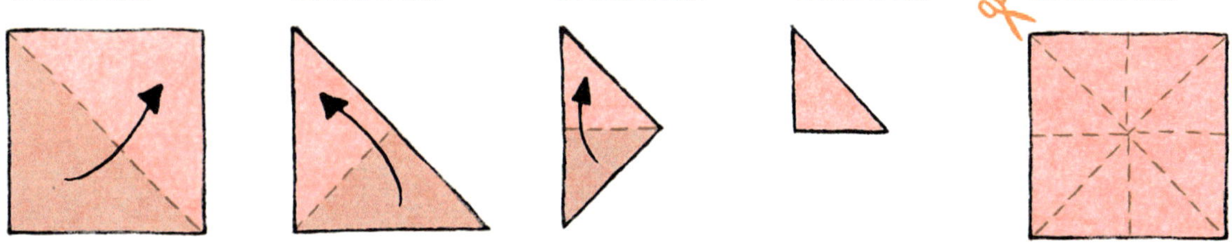

Schneide entlang der Faltlinien die Dreiecke aus.
Überprüfe, ob alle Dreiecke gleich groß sind.

[3] In den beiden Figuren sind viele Dreiecke versteckt.
Finde die Dreiecke und gib die Eckpunkte an.

Schreibe so:
Dreieck ABC

a)

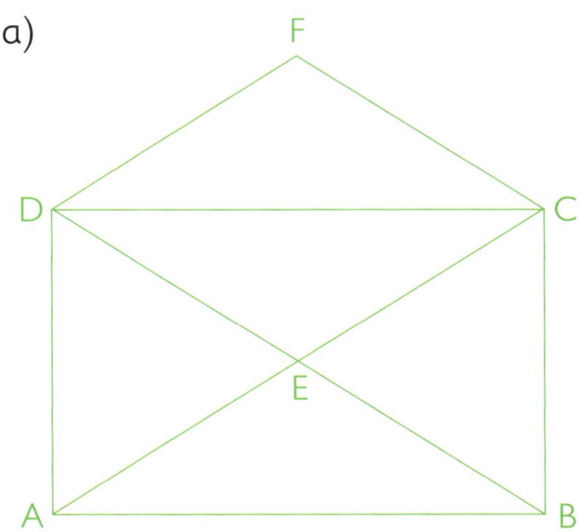

b)

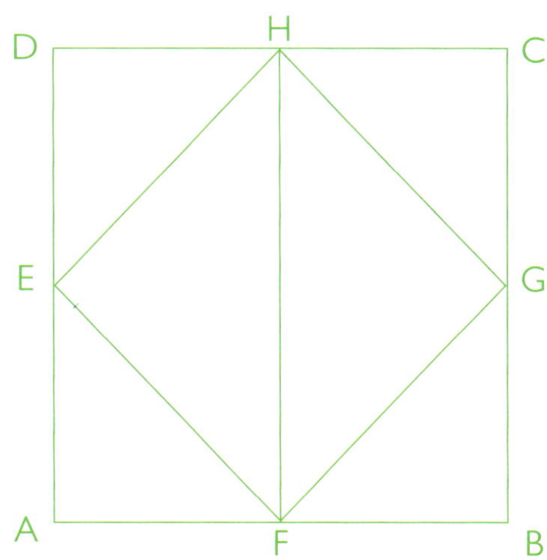

1: Rechteck zeichnen, Punkte zu Dreiecken verbinden 2: Falten nach Vorgabe, ausschneiden und prüfen
3: Dreieck mit den Eckpunkten benennen
AH ▶ 21 TÜ ▶ 27

Rechtecke: 

Quadrate: 

(1) Zeige im Klassenzimmer Gegenstände, an denen du Rechtecke und Quadrate erkennst.

(2) Wähle aus dem Figurensatz ein Rechteck und ein Quadrat aus.
a) Miss die Seitenlängen. Was stellst du fest?
b) Überprüfe, ob die Seiten parallel zueinander sind.
c) Wie viele rechte Winkel findest du an den Figuren? Zeige sie deinem Nachbarn.

(3) Übertrage und vervollständige den Merksatz für das Quadrat in deinem Heft.

Rechteck

- Das Rechteck ist ein Viereck.
- Es hat 4 rechte Winkel.
- Die gegenüberliegenden Seiten sind gleich lang und verlaufen zueinander parallel.

Quadrat

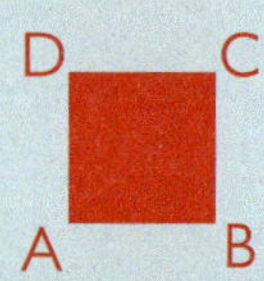

- Das Quadrat ist ein ____.
- Es hat ____ rechte Winkel.
- Alle Seiten sind ____.
- Die gegenüberliegenden Seiten verlaufen zueinander ____.

(4) Lege mit dem Figurensatz verschiedene Rechtecke und Quadrate.

5 Lege mit 14 gleich langen Stäbchen ein Rechteck. Vergleiche deine Figur mit denen deiner Mitschüler.

(6) Zeichne Rechtecke.
a) Länge: 6 Kästchen
Breite: 2 Kästchen
b) Länge: 8 Kästchen
Breite: 3 Kästchen

(7) Zeichne Quadrate mit folgenden Seitenlängen:
a) 5 Kästchen
b) 3 Kästchen
c) 6 Kästchen

1: Rechtecke und Quadrate in der Umwelt erkennen und zeigen 2: Seitenlängen messen, Ergebnisse vergleichen, Parallelität begründen 3: Merksatz vervollständigen 4: Rechtecke und Quadrate legen 5: Rechteck nach Vorgabe legen 6 und 7: Zeichnen nach Vorgabe

AH 22 TÜ 28

(1) Wie viele Vierecke erkennst du?

(2) Wie viele Quadrate erkennst du?

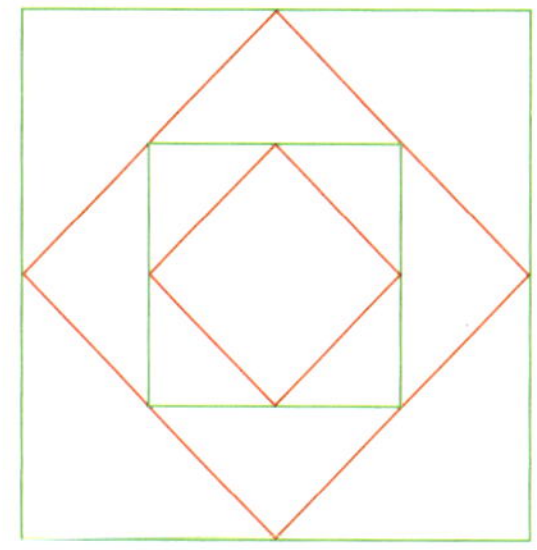

3 Wie viele Dreiecke, Quadrate und Rechtecke findest du?

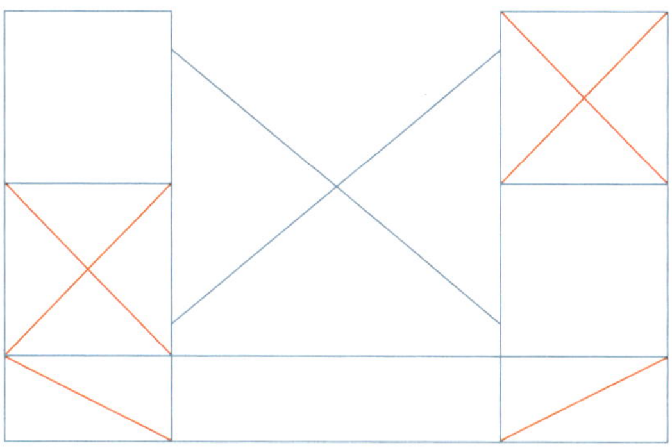

(4) Übertrage die Tabelle in dein Heft.
Trage ein, wie viele Figuren du in den Bildern entdeckst.

Katze			
Maske			
Schiff			
Roboter			

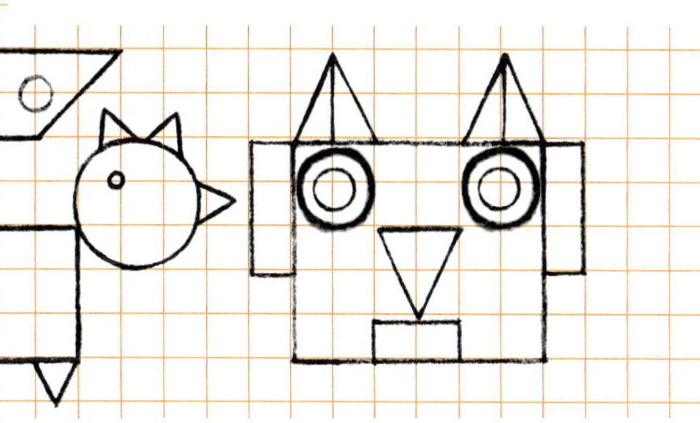

Muster

1 a) Lege nach.

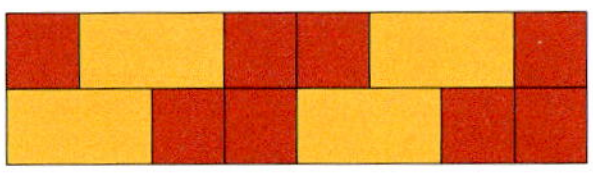
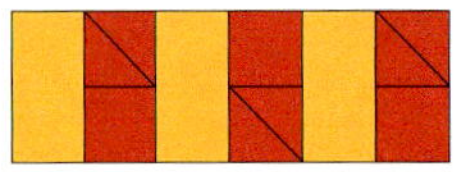

b) Setze das Muster fort.

c) Erfinde selbst Muster.

2 Übertrage die Muster in dein Heft und male sie weiter.

a)

b)

c)

d)

e)

3 Zeichne eigene Muster.

4 Zeichne ab.

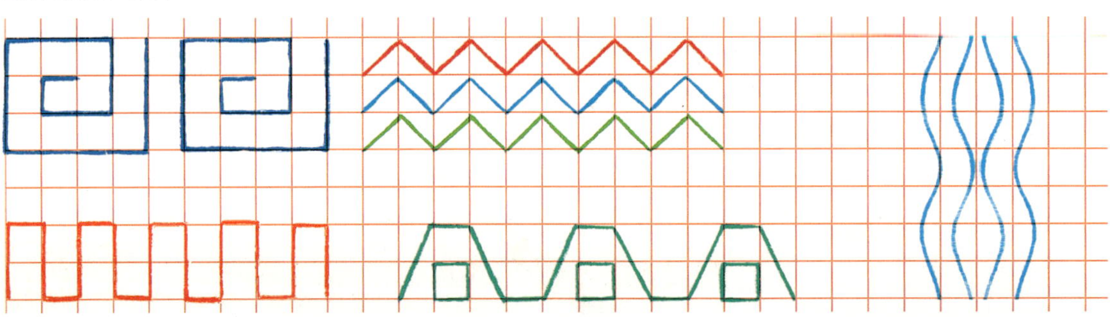

1 bis 4: Legen und zeichnen von Mustern
AH ▶ 23

Erinnere dich:
Du sprichst: ein Meter
Du schreibst: 1 m   1 m = 100 cm

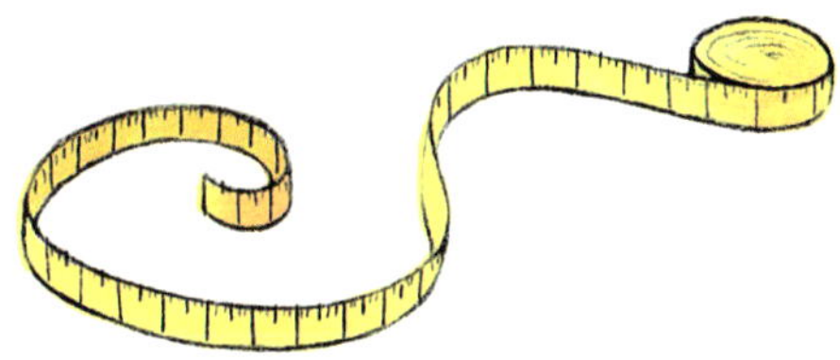

1. Das Tafellineal ist genau 1 m lang.
   a) Anna benötigt 8 Handspannen für 1 m.
      Wie viele Handspannen benötigst du ungefähr?
   b) Wie viele Fußlängen benötigst du ungefähr für 1 m?
   c) Wie viele Schritte benötigst du ungefähr für 1 m?

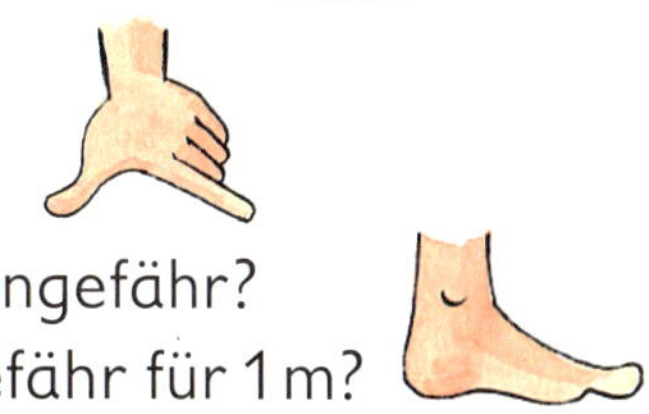

2. Miss mit dem Tafellineal oder dem Gliedermaßstab. Schreibe die Ergebnisse so in dein Heft:
   a) die Länge und die Breite des Klassenzimmers
   b) die Länge und die Breite deiner Bank
   c) die Höhe und die Breite des Fensters
   d) die Höhe und die Breite des Türrahmens
   e) die Länge und die Breite des Lehrertisches
   f) den Abstand des Lichtschalters vom Fußboden

	Länge	Breite
Bank	1 m 20 cm	
Fenster		
Tür		
...		

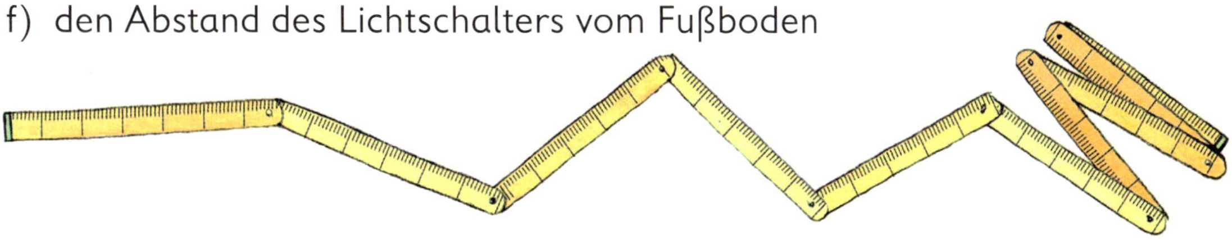

1: Körpermaße als Festwerte erfassen, Größenvorstellung von 1 m ausbilden
2: Mit den Begriffen „Länge“, „Breite“ und „Höhe“ umgehen, Gegenstände messen
AH 24 TÜ 29

Zeichnen von Strecken

Erinnere dich:

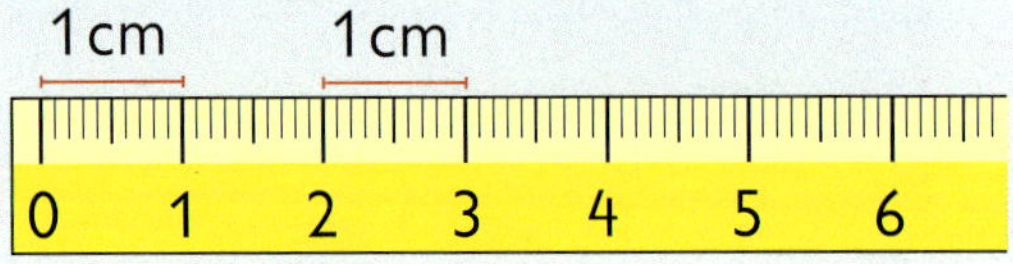

Du sprichst: ein Zentimeter
Du schreibst: 1 cm

Strecke
Anfangspunkt Endpunkt

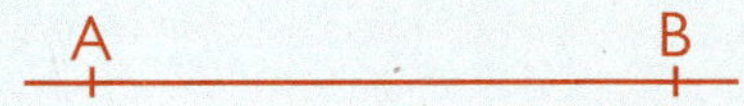

$\overline{AB}$ = 4 cm

1 a) Miss die Längen der Strecken.

Schreibe so: $\overline{AB}$ = ☐ cm

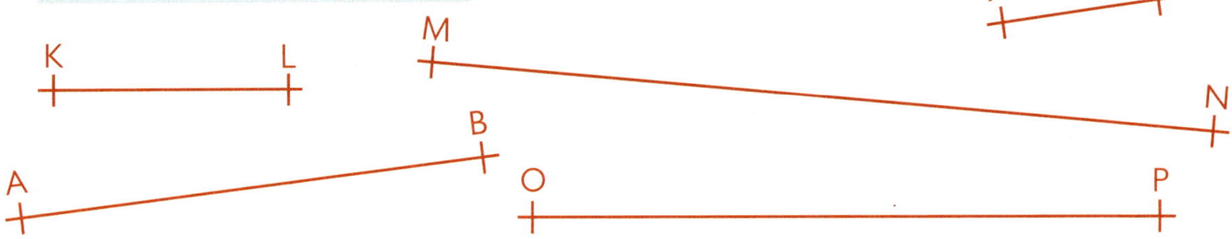

b) Vergleiche die Längen der Strecken.

$\overline{KL}$ und $\overline{MN}$ — $\overline{AB}$ und $\overline{HI}$
$\overline{HI}$ und $\overline{KL}$ — $\overline{KL}$ und $\overline{XY}$
$\overline{OP}$ und $\overline{MN}$ — $\overline{KL}$ und $\overline{HI}$

Sprich so:
☐ ist länger als ☐,
☐ ist kürzer als ☐,
☐ und ☐ sind gleich lang.

2 Zeichne und lass von deinem Nachbarn überprüfen.

$\overline{KL}$ = 4 cm
$\overline{MN}$ = 8 cm
$\overline{ST}$ = 2 cm

3 $\overline{AB}$ = 5 cm → $\overline{CD}$ ist 3 cm länger als $\overline{AB}$
$\overline{OP}$ ist doppelt so lang wie $\overline{AB}$
$\overline{RS}$ ist halb so lang wie $\overline{CD}$

4 Wie lang ist die Gesamtstrecke $\overline{AF}$?

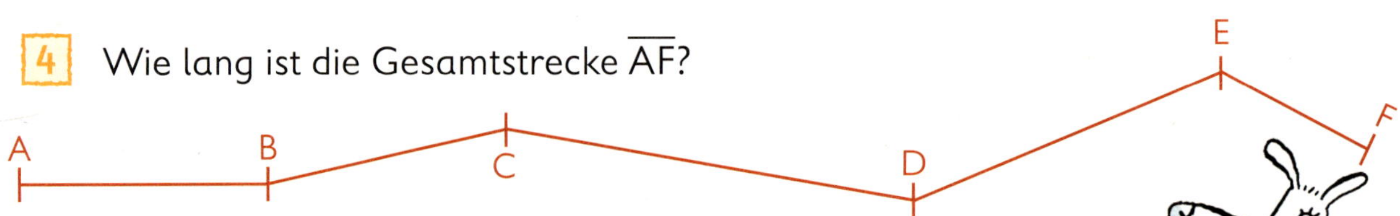

5 Miss folgende Gegenstände:
a) Höhe und Breite deines Mathematikbuches
b) Höhe und Breite deines Mathematikheftes
c) die Länge deines kleinsten und größten Stiftes

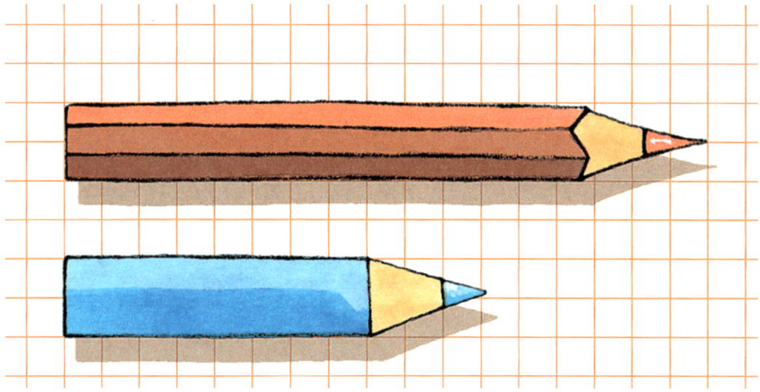

1 Miss die Länge der Stifte.
Was stellst du fest?

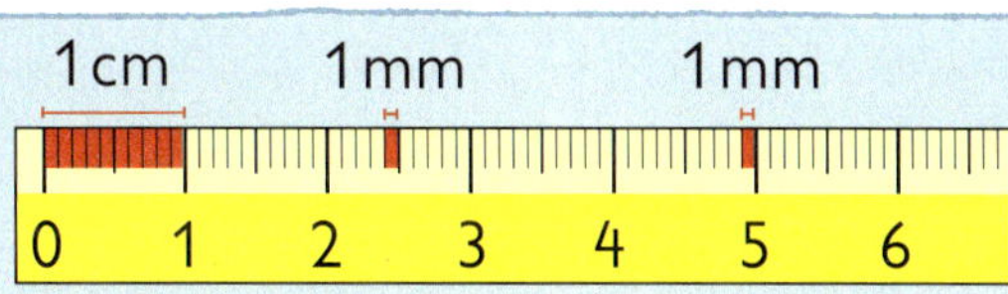

Du sprichst: ein Millimeter
Du schreibst: 1 mm
1 cm = 10 mm

roter Stift: 76 mm = 7 cm 6 mm
blauer Stift: 49 mm = ☐ cm ☐ mm
Miss nach.

2 Miss folgende Strecken.

Schreibe so: $\overline{AB}$ = ☐ mm, $\overline{AB}$ = ☐ cm ☐ mm

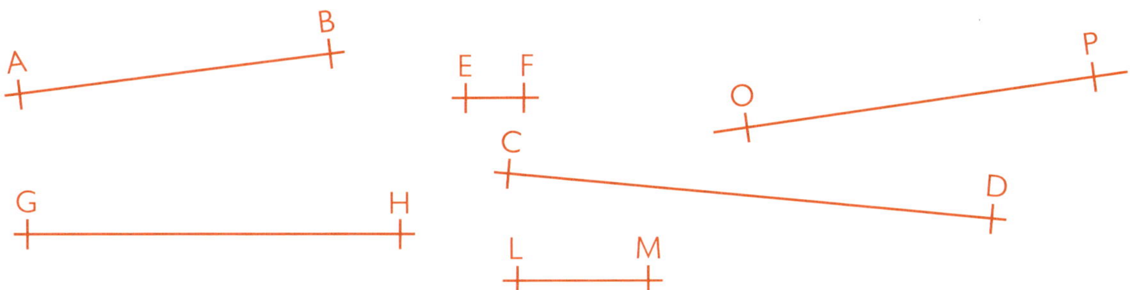

3 Miss Gegenstände aus deiner Federtasche und gib deren Länge an.

4 Finde Dinge, die etwa 1 mm, 5 mm und 10 mm dick sind.

5 Zeichne Strecken mit folgender Länge:

a) $\overline{AB}$ = 4 cm	d) $\overline{RS}$ = 54 mm	g) $\overline{KL}$ = 7 cm 3 mm
b) $\overline{CD}$ = 2 cm	e) $\overline{PQ}$ = 38 mm	h) $\overline{MN}$ = 5 cm 5 mm
c) $\overline{EF}$ = 10 cm	f) $\overline{VW}$ = 82 mm	i) $\overline{YZ}$ = 3 cm 8 mm

1: Millimeter als weitere Längeneinheit kennen lernen 2: Strecken millimetergenau messen 3: Gegenstände messen
4: Vergleichswerte finden 5: Strecken nach Vorgabe zeichnen
AH 24–25 TÜ 29

Addieren mit zweistelligen Zahlen und Zehnerzahlen

① Erkläre, wie die Kinder rechnen.

36 + 20 = ▢

30 + 20 = 50	30 + 20 = 50
50 + 6 = 56	36 + 20 = 56
36 + 20 = 56	

Ben legt die Aufgabe:

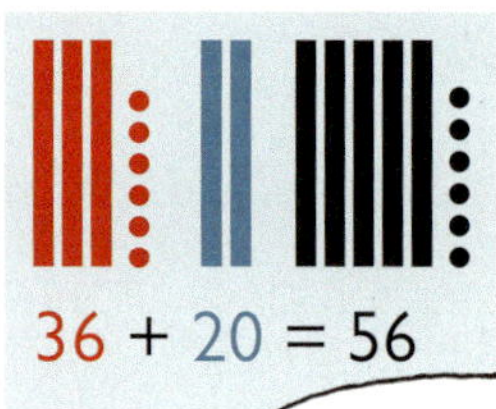

Lisa zeigt ihren Rechenweg an der Hundertertafel.

1				5					10
11				15					20
21				25					30
31				35	36				40
41				45	↓	+ 20			50
51				55	56				60
61				65					70
71				75					80
81				85					90
91				95					100

② a) 36 + 30 b) 66 + 10 c) 71 + 20 d) 36 + 50
29 + 60 23 + 50 39 + 40 33 + 60
45 + 40 44 + 30 53 + 30 52 + 30

③ a) 50 + 45 b) 70 + 21
60 + 33 20 + 66
10 + 79 30 + 41

④

30 + 20	60 + 30	50 + 40	20 + 40	40 − 20	90 − 60	70 − 50
40 + 50	30 + 30	60 + 20	50 + 30	60 − 30	80 − 40	90 − 20
80 + 10	20 + 20	40 + 40	60 + 40	90 − 10	40 − 30	60 − 40

1: Lösungswege erfassen und anwenden 2 und 3: Addieren
4: Begriffe verstehen, Aufgabe finden und lösen

AH ▸ 26 TÜ ▸ 30

Subtrahieren mit zweistelligen Zahlen und Zehnerzahlen

1 Erkläre, wie die Kinder rechnen.

Erst subtrahiere ich die Zehner, dann addiere ich die Einer dazu.

63 − 40 = ☐

60 − 40 = 20	60 − 40 = 20
20 + 3 = 23	63 − 40 = 23
63 − 40 = 23	

Ich weiß: Wenn 60 − 40 = 20 ist, dann ist 63 − 40 = 23.

Max legt die Aufgabe:

63 − 40 = 23

4 Zehnerstäbchen nehme ich weg.

Nina zeigt ihren Rechenweg an der Hundertertafel.

1				5					10
11				15					20
21		23		25					30
31				35					40
41		− 40		45					50
51				55					60
61		63		65					70
71				75					80
81				85					90
91				95					100

2

a)	b)	c)	d)
73 − 30	54 − 20	95 − 60	59 − 40
22 − 10	71 − 50	44 − 10	93 − 70
66 − 20	49 − 30	55 − 20	84 − 40
58 − 40	66 − 40	99 − 70	64 − 50
91 − 80	77 − 60	96 − 30	38 − 20

11	12	14	17
18	18	19	19
21	23	26	29
34	34	35	35
43	44	46	66

3

a)	b)
70 − 55	90 − 15
50 − 25	40 − 25
90 − 63	60 − 34
40 − 17	60 − 25
30 − 12	80 − 46

4

Der Minuend ist 76 und der Subtrahend ist 40. Berechne die Differenz.

Der Minuend ist 90 und der Subtrahend ist 45. Berechne die Differenz.

Addieren zweistelliger Zahlen ohne Zehnerübergang

(1) Erkläre, wie die Kinder rechnen.

53 + 24 = ☐

53 + 24	53 + 24
53 + 20 = 73	50 + 20 = 70
73 + 4 = 77	3 + 4 = 7
53 + 24 = 77	70 + 7 = 77
	53 + 24 = 77

(2) Zeige beide Rechenwege am Zahlenstrahl.

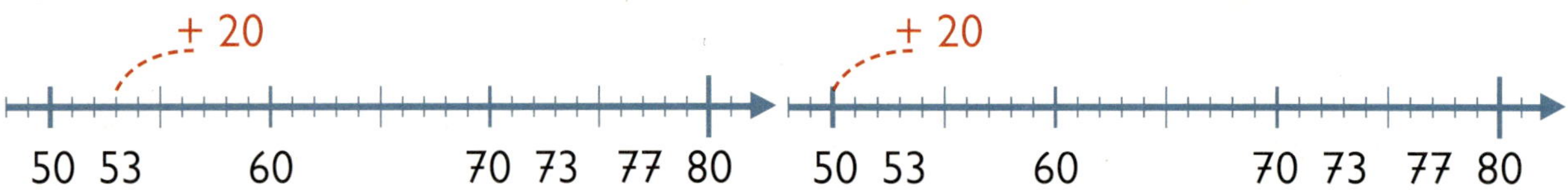

(3)
a) 21 + 7, 21 + 17, 21 + 27
b) 21 + 16, 44 + 25, 21 + 23
c) 44 + 15, 23 + 30, 61 + 27
d) 21 + 47, 36 + 22, 26 + 63
e) 33 + 17, 45 + 35, 31 + 29

4 So rechnen andere Kinder:

Tom:

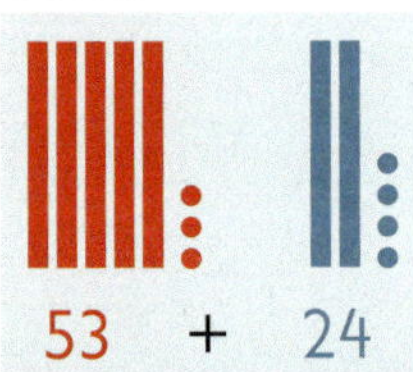

Lisa:

53 + 24
3 + 4 = 7
50 + 20 = 70
53 + 24 = 77

Ben:

1				5					10
11				15					20
21				25					30
31				35					40
41				45					50
51		53	+ 4	55		57			60
61			+ 20	65			+ 20		70
71		73	+ 4	75		77			80
81				85					90
91				95					100

Erkläre, wie die Kinder gerechnet haben.

(5) Rechne. Was stellst du fest?

a) 23 + 32, 24 + 32, 25 + ☐, ☐ + ☐
b) 45 + 33, 44 + 33, 43 + ☐, ☐ + ☐
c) 35 + 24, 34 + 25, 33 + ☐, ☐ + ☐
d) 28 + 42, 26 + 44, 24 + ☐, ☐ + ☐

1: Unterschiede der Lösungswege erkennen 2: Lösungsweg am Zahlenstrahl darstellen 3: Addieren
4: Weitere Lösungswege verstehen und erklären 5: Addieren, Besonderheiten erkennen
AH 27 TÜ 31–33

1 Erklären, wie die Kinder rechnen.

76 − 43 = ▭

76 − 43	76 − 43
76 − 40 = 36	70 − 40 = 30
36 − 3 = 33	6 − 3 = 3
76 − 43 = 33	30 + 3 = 33
	76 − 43 = 33

2 Zeige den Rechenweg von Anna am Zahlenstrahl.

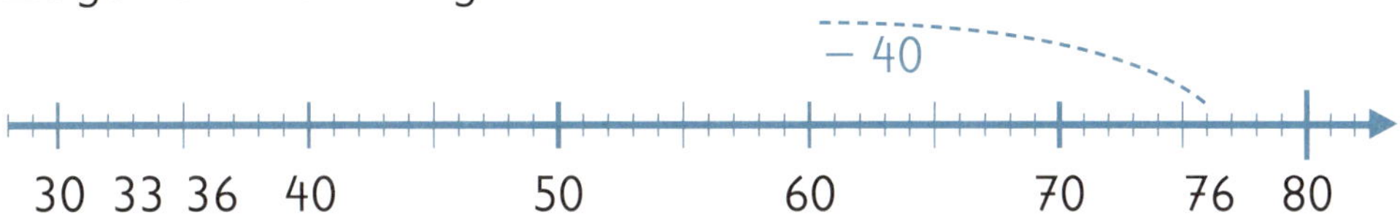

3

a)	b)	c)	d)	e)
78 − 6	22 − 11	63 − 42	76 − 26	90 − 62
78 − 16	93 − 42	84 − 31	83 − 23	50 − 33
78 − 26	78 − 35	73 − 22	70 − 25	80 − 26

4 So rechnen andere Kinder:

Tom:

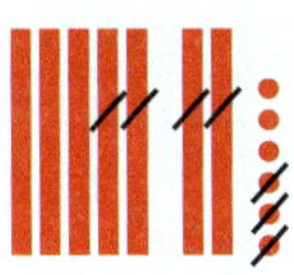

76 − 43

Lisa:

76 − 43
76 − 3 = 73
73 − 40 = 33
76 − 43 = 33

Ben:

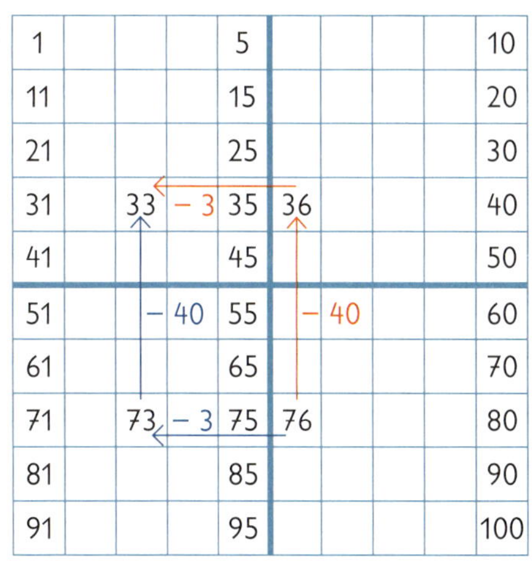

Erkläre, wie die Kinder gerechnet haben.

5 Rechne. Was stellst du fest?

a)	b)	c)	d)
84 − 42	78 − 53	68 − 22	92 − 32
85 − 42	77 − 53	67 − 23	94 − 34
86 − 42	76 − 53	66 − ▭	96 − ▭
▭ − ▭	▭ − ▭	▭ − ▭	▭ − ▭

Addieren und Subtrahieren

1 Berechne die Summe. Überprüfe mit der Umkehraufgabe.

a)	b)	c)	d)
26 + 43	41 + 37	82 + 17	64 + 23
14 + 44	22 + 72	66 + 13	55 + 24
45 + 22	33 + 31	12 + 47	61 + 34
71 + 28	11 + 44	24 + 35	47 + 12

55	58	59	59
59	64	67	69
78	79	79	87
94	95	99	99

2 Berechne die Differenz. Überprüfe mit der Umkehraufgabe.

a)	b)	c)	d)
47 – 25	96 – 54	68 – 37	79 – 28
68 – 57	77 – 22	89 – 33	95 – 44
69 – 38	86 – 25	99 – 18	77 – 26
54 – 43	78 – 54	69 – 14	88 – 46

11	11	22	24
31	31	42	42
51	51	51	55
55	56	61	81

3 Setze das richtige Zeichen: < = >.

a)	b)	c)
42 + 17 ◯ 60	59 – 36 ◯ 25	35 ◯ 24 + 11
24 + 25 ◯ 44	78 – 47 ◯ 31	86 ◯ 99 – 23
44 + 33 ◯ 77	35 – 24 ◯ 12	63 ◯ 41 + 32
51 + 44 ◯ 90	99 – 48 ◯ 32	43 ◯ 77 – 32

4 Von 86 Kindern der 3. Klassen können 53 Kinder schwimmen.
Wie viele Nichtschwimmer gibt es in den 3. Klassen?

5 Am Wettrennen nehmen 34 Kinder der Waldschule und 25 Kinder der Parkschule teil.
Wie viele Kinder nehmen insgesamt am Wettrennen teil?

6 Ergebnisse beim Pfeilwerfen:

Wurf	1	2
Ben	22	34
Lisa	44	13
Tom	15	33

Wurf	1	2
Max	41	16
Anna	25	24
Maria	32	21

a) Wer hat die meisten Punkte erzielt?
b) Wer hat die wenigsten Punkte erzielt?

1 und 2: Addieren und Subtrahieren, mit der Umkehraufgabe prüfen 3: Summen/Differenzen bilden, vergleichen und Relationszeichen setzen
4 bis 6: Inhalt erfassen, Aufgabe bilden und lösen, im Satz antworten

AH 28 TÜ 31–33

(1) Welche Aufgabenbriefe gehören in welchen Briefkasten? Rechne.

90 − 24 | 48 − 16 | 99 − 4 | 77 − 45 | 45 + 21 | 51 + 26

98 − 21 | Briefkasten 32 | Briefkasten 77 | Briefkasten 95 | Briefkasten 66 | 83 − 51

54 + 41 | 32 + 63 | 75 − 43 | 88 − 11 | 42 + 24 | 70 + 25

(2) a) 36 + 23
44 + 16
51 + 28
26 + 42
17 + 62

b) 76 − 25
92 − 51
78 − 36
84 − 62
36 − 16

c) 42 + 38
54 − 31
32 + 35
93 − 62
33 + 67

20 22 23 31
41 42 51 59
60 67 68 79
79 80 100

(3) 24 + 56
38 − 26
92 − 22
16 + 44
81 − 41

(4) Addiere zu 36 die Zahl 43. Wie heißt die Summe?

Wenn du zu einer Zahl 51 addierst, erhältst du 72. Wie heißt die Zahl?

(5)

+	32	56	43	25	
24					
41					76

−	23	51	44	35	
87					
65					34

(6) Bilde selbst Aufgaben. Rechne im Heft.

23 + 24 = 47

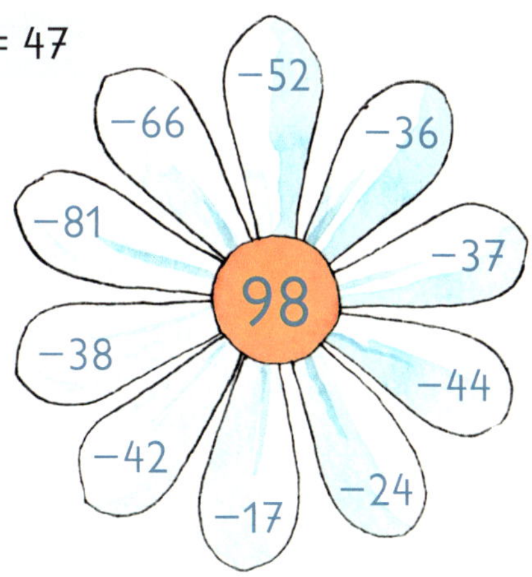

17 32 40
46 47 48
54 55 56
59 60 61
62 68 74
74 77 81
88 97

Quader, Würfel und Kugel

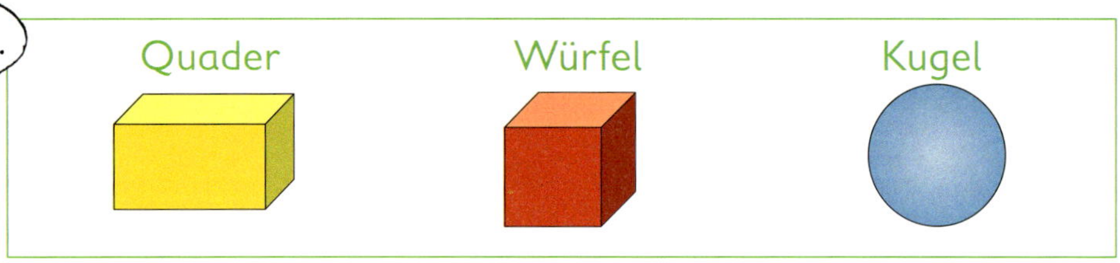

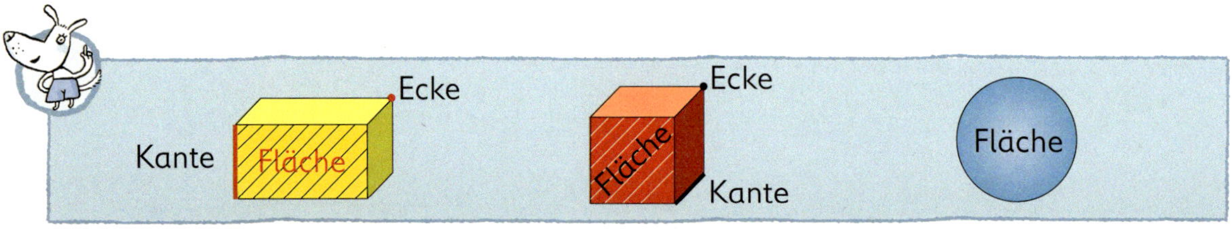

1 Nenne Gegenstände mit der Form eines Quaders, eines Würfels oder einer Kugel.

a) Wie viele Flächen, Ecken und Kanten haben die Körper?

b) Lege eine Tabelle an.

c) Was stellst du fest?

2 Fertige die Abdrücke eines Quaders, eines Würfels und einer Kugel an. Sprich mit einem Partner darüber: Welche Formen haben die Abdrücke? Wie viele verschiedene Abdrücke gibt es bei jedem Körper?

3 Baue diese Körper mit Stäbchen und Knetkügelchen nach. Fertige dazu eine Tabelle an. Trage ein, was du benötigst.

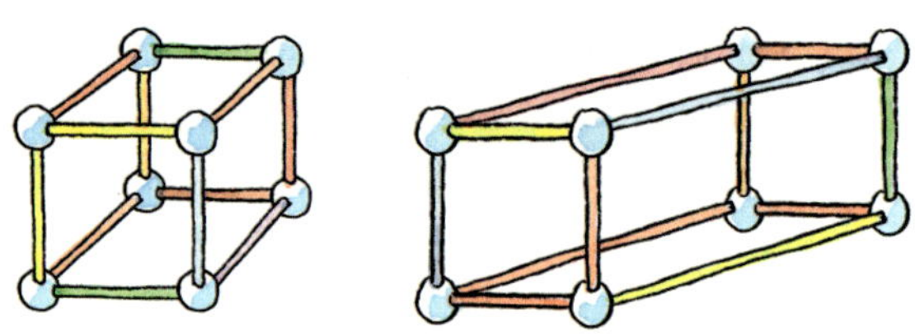

Welche Figuren sind Dreiecke oder Rechtecke?

① Welche Würfelbauten sind gleich?

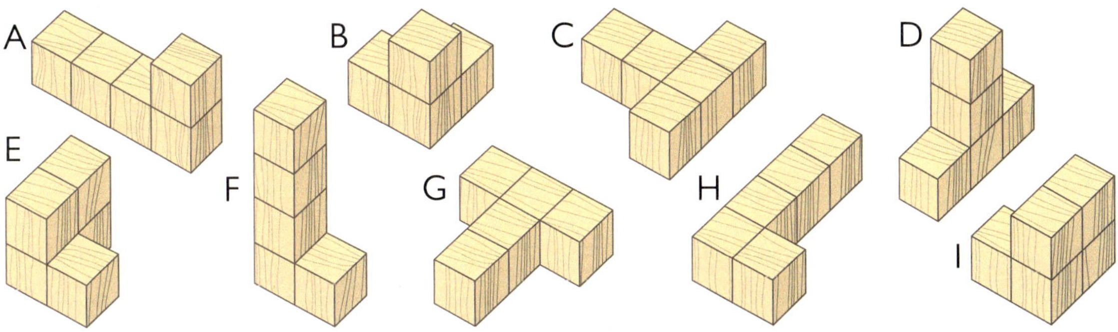

② a) Wie viele Würfel benötigst du zum Bauen?
b) Vervollständige die Baupläne.

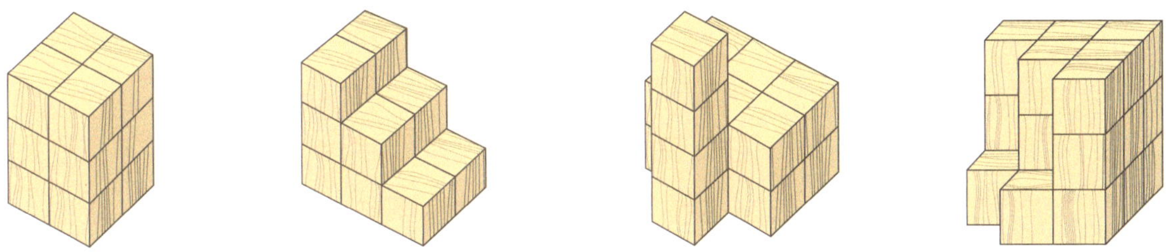

3	

3	
2	

2		

3		
1		

3 Baue nach den Bauplänen.

a)

3	3	3
2	2	2
1	1	1
1	1	1

b)

3	2	2
2	2	1
1	1	
1	1	

c)

4	2	2	4
3	1	1	3
	1	1	

d)

3	4	4	3
2	3	3	2
		2	1
		2	1

④ Wahr w oder falsch f ?

Addieren zweistelliger Zahlen mit Zehnerübergang

(1) Erkläre, wie die Kinder rechnen.

37 + 25 = ▢

37 + 25	37 + 25
37 + 20 = 57	30 + 20 = 50
57 + 5 = 62	7 + 5 = 12
37 + 25 = 62	50 + 12 = 62
	37 + 25 = 62

(2) Zeige beide Rechenwege am Zahlenstrahl.

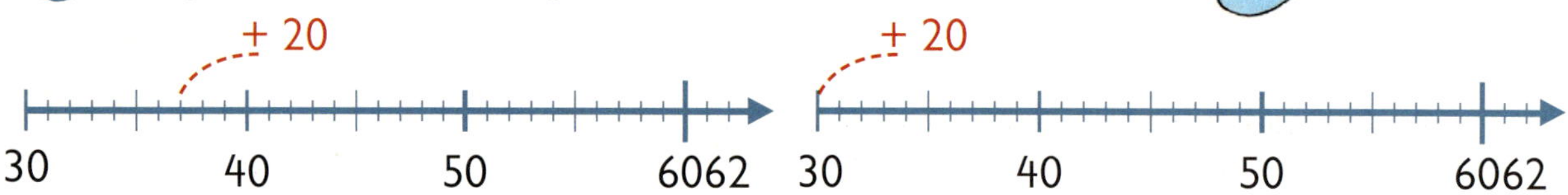

(3) a) 37 + 8 b) 26 + 15 c) 44 + 28 d) 36 + 39
37 + 18 48 + 26 53 + 28 29 + 26
37 + 28 78 + 14 79 + 15 49 + 37
37 + 38 37 + 25 66 + 26 44 + 39

41	45	55	55
62	65	72	74
75	75	81	83
86	92	92	94

4 So rechnen andere Kinder:

Tom:

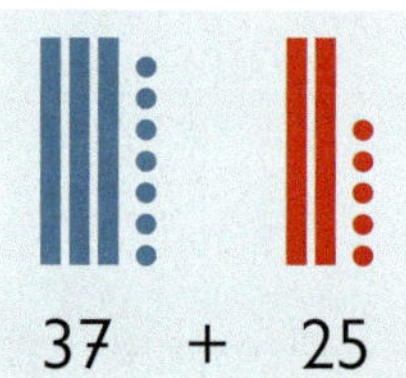

Lisa:

37 + 25
37 + 3 = 40
40 + 22 = 62
37 + 25 = 62

Ben:

1				5					10
11				15					20
21				25					30
31				35					40
41				45					50
51				55					60
61				65					70
71				75					80
81				85					90
91				95					100

Erklräre, wie die Kinder gerechnet haben.

(5) Rechne. Was stellst du fest?

a) 24 + 16 b) 28 + 6 c) 17 + 22 d) 15 + 50
25 + 17 27 + 16 27 + 23 18 + 48
26 + 18 26 + 26 37 + 24 21 + 46
▢ + ▢ ▢ + ▢ ▢ + ▢ ▢ + ▢

1: Unterschiede der Lösungswege erkennen 2: Lösungsweg am Zahlenstrahl darstellen 3: Addieren
4: Weitere Lösungswege verstehen und erklären 5: Addieren, Besonderheiten erkennen

AH ▶ 31 TÜ ▶ 35

1 a) Lege und rechne.
28 € + 16 €

b)
28 € + 34 €
37 € + 28 €
19 € + 16 €
33 € + 28 €
44 € + 37 €

c)
43 € + 27 €
66 € + 15 €
23 € + 19 €
48 € + 35 €
16 € + 46 €

d)
16 € + 38 €
67 € + 25 €
28 € + 15 €
46 € + 27 €
47 € + 36 €

2 a) Zwei Klassen führen gemeinsam ein Fest durch.
Aus der Klasse 2a kommen 18 Mädchen und 7 Jungen.
Aus der Klasse 2b kommen 23 Kinder.
Wie viele Kinder nehmen am Fest teil?

b) Der Klassenraum ist mit roten und gelben Luftballons geschmückt.
Von jeder Farbe sind es 14.
Wie viele Luftballons sind es insgesamt?

3 a)
23 + 7 + 12
44 + 15 + 6
67 + 8 + 25
16 + 16 + 16
18 + 24 + 6

b)
26 + 50 + 4
20 + 24 + 6
31 + 45 + 9
22 + 8 + 35
27 + 25 + 3

4
38 + 12 + 44
26 + 15 + 34
42 + 25 + 18
14 + 27 + 26
57 + 18 + 23

5

+	9	28	35	46	
35					
48					81

+	26	47	53	38	
27					46
19					

6

□
□ □
22 □ □
11 11 9 6

7

100
63 □
□ 21 □
□ 19 □ □

8

88
□ 35
□ 20 □
□ □ □ □

Subtrahieren zweistelliger Zahlen mit Zehnerübergang

1 Erkläre, wie die Kinder rechnen.

Ich zerlege die 2. Zahl in Zehner und Einer. Dann subtrahiere ich die Zehner, danach die Einer.

43 − 25 = ▢

43 − 25	43 − 25
43 − 20 = 23	13 − 5 = 8
23 − 5 = 18	30 − 20 = 10
43 − 25 = 18	8 + 10 = 18
	43 − 25 = 18

Weil 3 − 5 nicht geht, rechne ich 13 − 5. Dann geht es mit 30 − 20 weiter. Zum Schluss addiere ich die Ergebnisse.

2 Zeige am Zahlenstrahl, wie Anna rechnet.

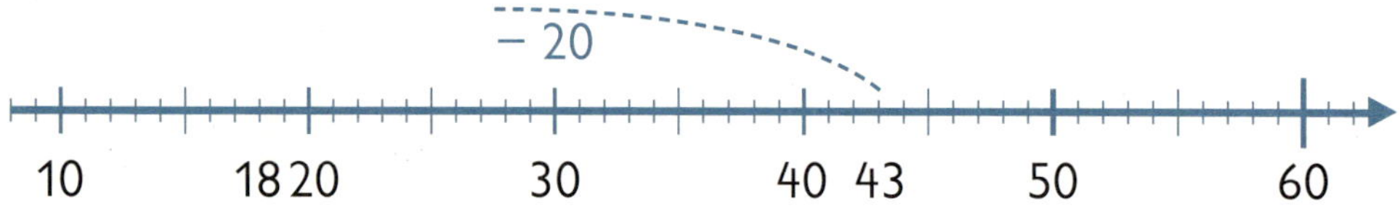

3 Rechne.

a) 96 − 8
96 − 18
96 − 28

b) 34 − 6
34 − 16
34 − 26

c) 47 − 18
93 − 28
44 − 27

d) 56 − 27
75 − 46
83 − 36

4
86 − ▢ = 59
44 − ▢ = 18
93 − ▢ = 49
72 − ▢ = 38

5 So rechnen andere Kinder:

Tom:

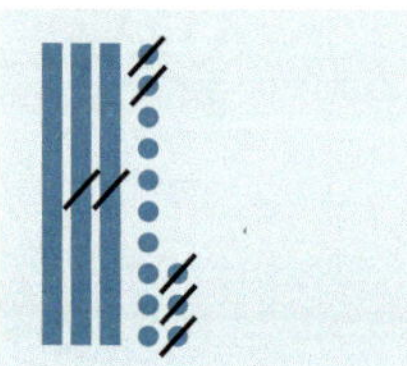

43 − 25

Lisa:

43 − 25
43 − 5 = 38
38 − 20 = 18
43 − 25 = 18

Ben:

1				5					10
11				15					20
21				25					30
31				35					40
41				45					50
51				55					60
61				65					70
71				75					80
81				85					90
91				95					100

6 Rechne. Was stellst du fest?

a) 86 − 27
86 − 37
86 − ▢
▢ − ▢

b) 77 − 49
66 − 39
▢ − 29
▢ − ▢

c) 42 − 24
53 − 35
64 − ▢
▢ − ▢

d) 74 − 55
65 − 46
56 − ▢
▢ − ▢

1: Unterschiede der Lösungswege erkennen 2: Lösungsweg am Zahlenstrahl erklären
3 und 4: Subtrahieren 5: Weitere Lösungswege verstehen 6: Subtrahieren, Besonderheiten erkennen

AH ▶ 32 TÜ ▶ 36

1

a) 93 m − 26 m
44 m − 15 m
74 m − 28 m
87 m − 29 m
36 m − 18 m

b) 75 m − 28 m
66 m − 37 m
48 m − 29 m
23 m − 18 m
54 m − 27 m

c) 91 m − 36 m
56 m − 27 m
63 m − 24 m
71 m − 35 m
83 m − 19 m

d) 36 m − ☐ = 18 m
54 m − ☐ = 28 m
66 m − ☐ = 44 m
100 m − ☐ = 14 m
28 m − ☐ = 9 m

2

−	26	65	38	43	55
93					
71					

3

−			35		
84	48				66
65		38		16	

4 Immer 3 Aufgaben haben das gleiche Ergebnis. Schreibe sie auf.
Kontrolliere mit einem anderen Kind.

26 − 18 | 33 − 25 | 93 − 54 | 85 − 46 | 54 − 27 | 91 − 56

73 − 25 | 64 − 29 | 77 − 29

64 − 56 | 66 − 39 | 84 − 49 | 83 − 35 | 62 − 23 | 81 − 54

5 Setze die Reihen fort.

a) 93, 81, 69, …, 9 b) 100, 87, 74, …, 9 c) 100, 88, …

d) 99, 85, …

6

7 Im Bücherregal stehen 56 Bücher. Die Jungen der Klasse 2a leihen sich 16 Bücher aus. Die Mädchen der Klasse 2a leihen sich 22 Bücher aus.

a) Wie viele Bücher wurden insgesamt ausgeliehen?

b) Wie viele Bücher stehen nun noch im Regal?

1 Löse. Prüfe dein Ergebnis mit der Umkehraufgabe.

Rechne und schreibe so:
83 − 56 = 27
27 + 56 = 83

a)	b)	c)
64 − 28	71 − 28	96 − 48
93 − 15	37 − 19	77 − 29
87 − 29	63 − 27	38 − 29
75 − 38	74 − 36	57 − 38
81 − 56	85 − 46	91 − 47

2 Wie viel muss Ben bezahlen?

Wie viel spart Lisa ein?

3

a)	b)
38 + 19	73 − 29
46 + 19	81 − 29
54 + 19	65 − 29
23 + 19	77 − 29
36 + 19	45 − 29

4

a)	b)
26 + 28	95 − 38
54 + 28	84 − 38
63 + 28	55 − 38
44 + 28	61 − 38
28 + 28	73 − 38

16	17	23	35
36	42	44	46
48	52	54	55
56	57	57	65
72	73	82	91

5

a)	b)
36 + ___ = 54	86 − ___ = 49
69 + ___ = 92	54 − ___ = 18
58 + ___ = 82	66 − ___ = 38
49 + ___ = 74	97 − ___ = 29
77 + ___ = 93	73 − ___ = 48

6

a)	b)
___ + 26 = 52	___ − 45 = 38
___ + 38 = 71	___ − 22 = 19
___ + 45 = 92	___ − 28 = 63
___ + 52 = 89	___ − 37 = 49
___ + 35 = 72	___ − 29 = 62

Bilde Aufgabenfamilien.

7 a) 35, 26, 61 b) 49, 33, ? c) 54, 26, ?

8 100, 38, ?

9 54, ?, ?

1: Aufgaben lösen – mit Umkehraufgabe überprüfen 2: Geschicktes Rechnen verstehen und anwenden
3 und 4: Rechenvorteile erkennen und nutzen 5 und 6: Platzhalter bestimmen 7–9: Aufgabenfamilien bilden und lösen
AH 33 TÜ 37

① Welche Aufgabenbriefe gehören in welchen Briefkasten?

25 + 53 | 49 + 29 | 26 + 52 | 29 + 14 | 81 − 38

100 − 37 | 78 | 43 | 57 | 63 | 100 − 22

26 + 31 | 39 + 24 | 18 + 39 | 92 − 29

② a) 23 + 28 + 27
44 + 16 + 23
28 + 43 + 12

b) 93 − 16 − 43
81 − 25 − 41
78 − 18 − 41

c) 36 − 28 + 44
54 + 45 − 93
89 + 11 − 66

3 Setze das richtige Zeichen: < = >.

a) 63 − 29 ◯ 34
27 + 56 ◯ 93
19 + 58 ◯ 77

b) 33 ◯ 99 − 66
58 ◯ 21 + 37
29 ◯ 81 − 52

c) 37 + 48 ◯ 48 + 37
82 − 35 ◯ 92 − 45
63 − 27 ◯ 72 − 38

4

Schüler einer Schule

	a	b	c	Summe
1. Klassenstufe	23	21	24	
2. Klassenstufe	19		20	57
3. Klassenstufe		18	19	56
4. Klassenstufe	16	19	18	

Übertrage die Tabelle in dein Heft und ergänze sie.
Wie viele Kinder lernen in den 1. Klassen und in den 4. Klassen?
Wie viele Jungen lernen in der Schule?

5 Welche Zahlen sind es?

Meine Tipps:
- Lies den Text gründlich.
- Finde die passende Frage.
- Bilde eine Aufgabe zur Frage.
- Löse die Aufgabe und antworte im Satz.

Welche Frage passt zum Text?

1 Aus der Waldschule sind 64 Kinder zum Freizeitpark gekommen. Zum Minigolf-Turnier haben sich 28 Kinder angemeldet.

a) Wie viele Mädchen wollen Minigolf spielen?
b) Wie viele Kinder wollen nicht Minigolf spielen?
c) Wie viele Jungen sind in den Freizeitpark gekommen?

2 Ben, Maria und Max haben schon die Eintrittskarten für die Minigolfanlage gekauft. Max hat alle Karten mit einem 20-Euro-Schein bezahlt.

a) Wie viel kosten die Karten für drei Erwachsene?
b) Wie viel kosten zwei Karten für Kinder?
c) Wie viel Geld bekommt Max zurück?

3 Auf dem Indianerspielplatz sind 32 Kinder von der Waldschule und 39 Kinder von einer anderen Schule.

a) Sind mehr Jungen oder mehr Mädchen auf dem Spielplatz?
b) Wie viele Kinder wollen nicht zum Spielplatz?
c) Wie viele Kinder spielen insgesamt auf dem Spielplatz?

1 bis 3: Inhalt der Texte erfassen, Fragen zuordnen, Aufgaben finden und lösen, im ganzen Satz antworten

TÜ ▶ 38

Rundfahrt		
Fahrpreise	**kleine**	**große**
Erwachsene	12 €	23 €
Kinder	8 €	15 €

- Schreibe die Frage auf.
- Bilde eine Aufgabe zur Frage.
- Löse die Aufgabe und antworte im ganzen Satz.

Finde passende Fragen zum Text.

1. Lisa möchte mit ihren Eltern eine kleine Rundfahrt auf dem See machen.

2. Das Schiff ist 34 m lang. Lisa ist schon einmal mit einem Dampfer gefahren, der 29 m länger war.

3. Während der Schiffsfahrt isst Lisa mit ihren Eltern zu Mittag. Ein Essen kostet 8 Euro. Jedes Getränk kostet 2 Euro.

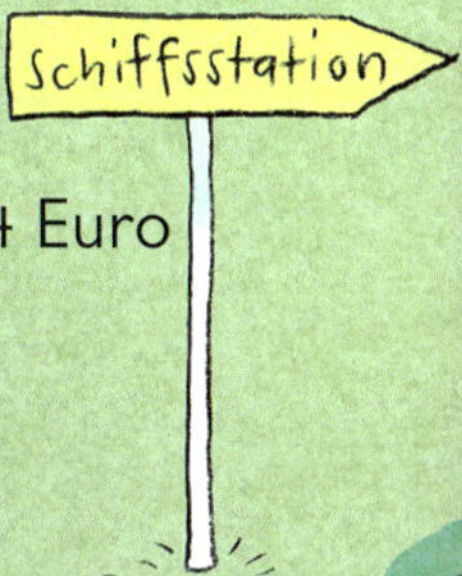

4. Herr Lange muss für das Essen und die Getränke seiner Familie 44 Euro bezahlen. Er bezahlt mit drei 20-Euro-Scheinen.

5. Welcher Text passt zu der Aufgabe: 23 € + 23 € + 15 € ?

a) Anna und ihre Eltern möchten beim nächsten Besuch des Freizeitparks eine große Rundfahrt machen.
b) Tom will für sich und seine drei Freunde Karten für die große Rundfahrt kaufen.
c) Herr Schmidt hat für sich, seine Frau und seine beiden Töchter Karten für die große Rundfahrt gekauft.

1 bis 4: Zu den Texten Fragen formulieren und aufschreiben, passende Aufgabe finden und lösen, im Satz antworten
5: Einen Text der Aufgabe zuordnen, passende Frage finden und aufschreiben, Aufgabe lösen, im Satz antworten
TÜ ▶ 38

Kann ich das schon?

1 Berechne die Summen und Differenzen.

a) 36 + 49
77 + 23
39 + 47
26 + 55
42 + 39

b) 74 − 37
81 − 38
93 − 56
44 − 19
57 − 28

c)

+ 7 →	
64	
59	
	81
	92
36	

d)

− 6 →	
95	
83	
	39
	47
	54

25	29	37	37	43
81	81	85	86	100
43	45	53	60	66
71	74	77	85	89

2 Schreibe die Aufgaben in dein Heft. Ordne die Begriffe zu.

Addition	Subtraktion
23 + 48 = 71	85 − 47 = 38

Subtrahend — Minuend — Summand — Summand — Differenz — Summe

3

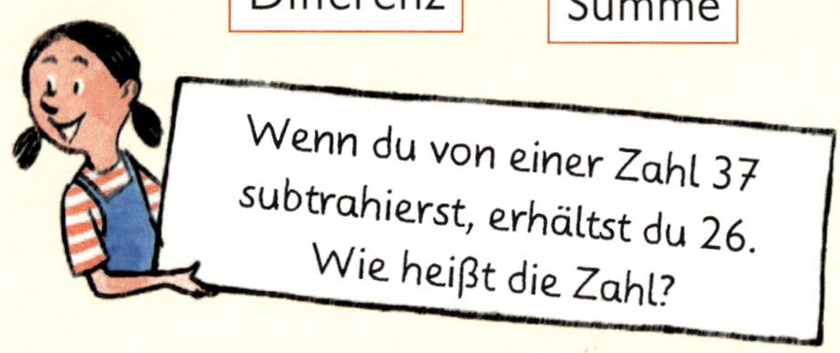

4

+	45	19			27
36			73		
29				77	

−	36	48			64
93			55		
72				35	

5 Setze ein: < = >.

36 + 48 ◯ 83
93 − 28 ◯ 65
68 − 39 ◯ 29
77 − 25 ◯ 100
81 − 57 ◯ 24

6

Pyramide 1 (unterste Reihe): 17 | 12 | 8 | 21

Pyramide 2:
- oben: 100
- 2. Reihe: 65 |
- 3. Reihe: | 16 |
- unterste Reihe: | 8 | |

7 Bilde Aufgabenfamilien.

a) 49 23 72

b) 48 36 ?

c) 46 87 ?

d) ? 53 ?

(8)
23 cm + 38 cm
44 cm − 27 cm
55 m + 19 m
93 m − 37 m
81 m − 54 m

(9)
38 € + 54 €
76 € + 24 €
78 € − 39 €
95 € − 76 €
44 € + 38 €

(10) Schätze die Länge der Strecken.
Miss dann genau nach.
Schreibe die Ergebnisse
in dein Heft.

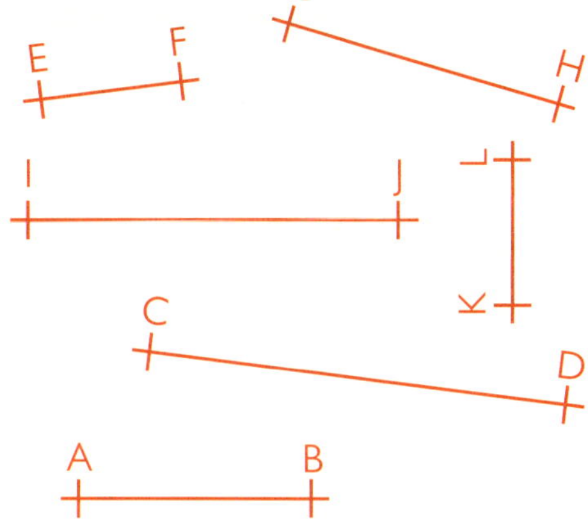

(11) Rechne vorteilhaft.

a) 23 + 18 + 7
36 + 14 + 4
92 − 15 − 2
88 + 12 − 50
27 + 52 + 13

b) 35 − 30 − 5
80 − 44 + 44
76 − 32 + 24
78 + 15 − 28
49 + 37 − 29

(12) a)

Bilde Aufgaben, deren Summe größer als 50 ist.

b)

Bilde Aufgaben, deren Differenz kleiner als 40 ist.

(13) Wie viele Dreiecke, Rechtecke und Quadrate erkennst du?

a)

b)

c)

(14) Setze die Muster fort. Male in dein Heft.

a)

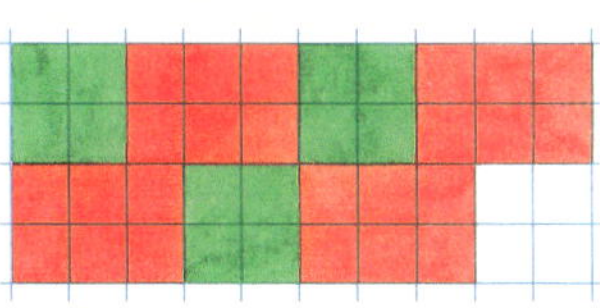

b)

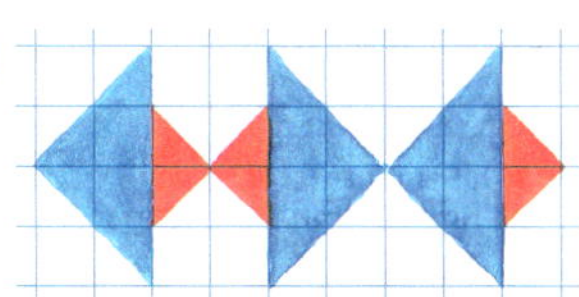

c)

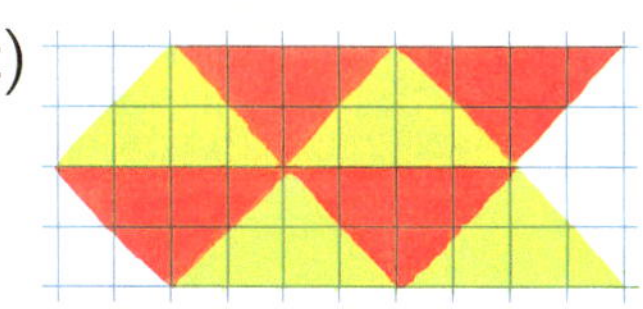

Wie viele Kinder sind in der Turnhalle?

3 + 3 + 3 + 3 = 12

Schreibe dafür kürzer: 4 · 3 = 12
Sprich so: 4 mal 3 ist gleich 12.

Es gilt: 3 + 3 + 3 + 3 = 4 · 3

Finde im Bild weitere Additionsaufgaben.
Schreibe dazu die passende Aufgabe mit · in dein Heft.

①  4 + 4 + 4 = 12
3 · 4 = 12

②  3 + 3 = 6
2 · 3 = 6

③  2 + 2 + 2 + 2 = 8
4 · 2 = 8

④  5 + 5 + 5 = 15
3 · 5 = 15

Multiplizieren
· (mal)

Faktor Faktor
4 · 3 = 12
Produkt Produkt

Schreibe kürzer als Multiplikationsaufgabe und rechne.

⑤ 8 + 8
9 + 9 + 9
6 + 6 + 6 + 6

⑥ 2 + 2 + 2 + 2 + 2
4 + 4 + 4 + 4
5 + 5 + 5 + 5

7 3 ct + 3 ct + 3 ct
1 ct + 1 ct + 1 ct + 1 ct
6 € + 6 €

Bild inhaltlich erschließen, Multiplikation als Addition gleicher Summanden erfassen 1 bis 4: Additionsaufgaben zum Bildinhalt finden, Multiplikationsaufgaben zuordnen 5 bis 7: Für die Additionsaufgaben die zugehörigen Multiplikationsaufgaben finden und lösen

AH 34 TÜ 39

1 Finde immer eine Aufgabe mit + und eine Aufgabe mit $\cdot$.
Löse diese Aufgaben.

a) 

b) 

c) 

d) 

e) 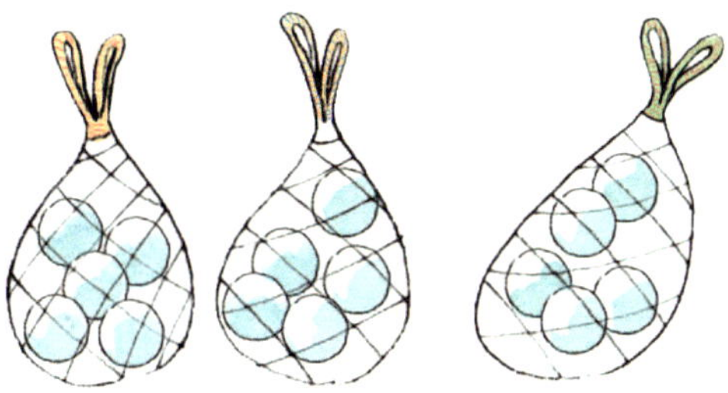

f) 

2 Es gibt immer zwei Aufgaben mit + und zwei Aufgaben mit $\cdot$.
Schreibe sie in dein Heft und löse sie.

$4 + 4$ oder $2 + 2 + 2 + 2$
$2 \cdot 4$ oder $4 \cdot 2$

a) 

b) 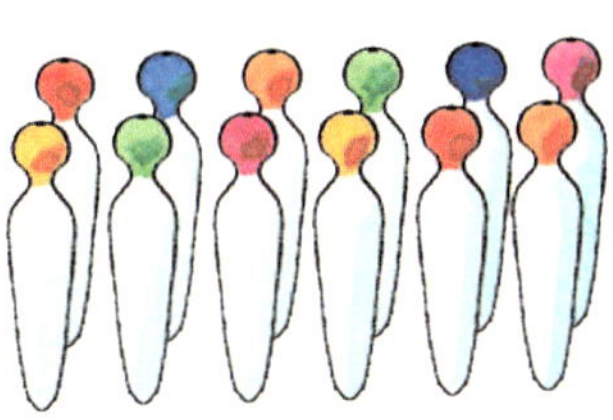

c) 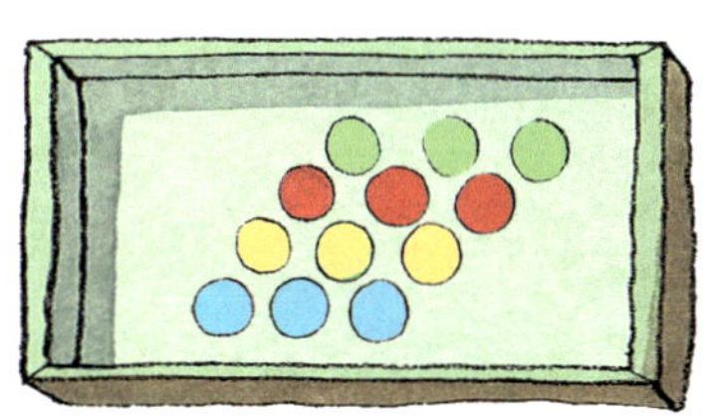

1: Additions- und Multiplikationsaufgaben den Bildern zuordnen und lösen
2: Beide Aufgaben zur Addition und Multiplikation finden und lösen
AH 34 TÜ 39

1. Lisa und Ben wollen gegen Maria, Tom und Anna Federball spielen.

Lisa hat den Spielplan gezeichnet.

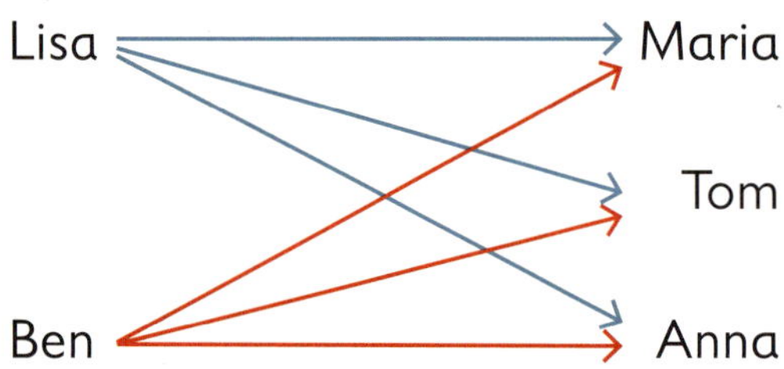

Ben hat die Spieltabelle vorbereitet.

Spiel	Spieler
1	Lisa ⟶ Maria
2	Lisa ⟶ Tom
3	Lisa ⟶
	Ben ⟶

a) Übertrage die Tabelle in dein Heft und vervollständige sie.
b) Wie viele Spiele müssen Lisa und Ben insgesamt spielen?
Schreibe die passende Aufgabe mit + und die Aufgabe mit · auf.

2. Lisa und Ben bringen je 4 Federbälle mit. Maria, Tom und Anna bringen je 3 Federbälle mit. Welche Kindergruppe hat mehr Federbälle mitgebracht?

3. Lisas Mutter hängt die Hemden und Hosen der 5 Kinder zum Trocknen auf. Wie viele Klammern braucht sie?

Bild: Multiplikation über die Paarbildung erfassen 1: Plan und Tabelle erstellen, Additions- und Multiplikationsaufgabe finden und lösen
2: Anzahl über Multiplikation (Addition) ermitteln und vergleichen 3: Anzahl über Multiplikation oder auch Addition ermitteln
AH ▶ 35 TÜ ▶ 40–41

Meister Fix rechnet:
3 + 3 + 3 + 3 + 3 + 3 = 18
6 · 3 = 18 → 6 · 3 = 3 · 6 ← 3 · 6 = 18

Meister Schnelle rechnet:
6 + 6 + 6 = 18

Faktoren kannst du vertauschen, das Produkt ändert sich nicht.

1 Schreibe die Aufgabe mit · und die dazugehörige Tauschaufgabe auf.

2 · 5 = 10
5 · 2 = 10

2 Finde die richtige Aufgabe mit · .

4 · 3 = 12

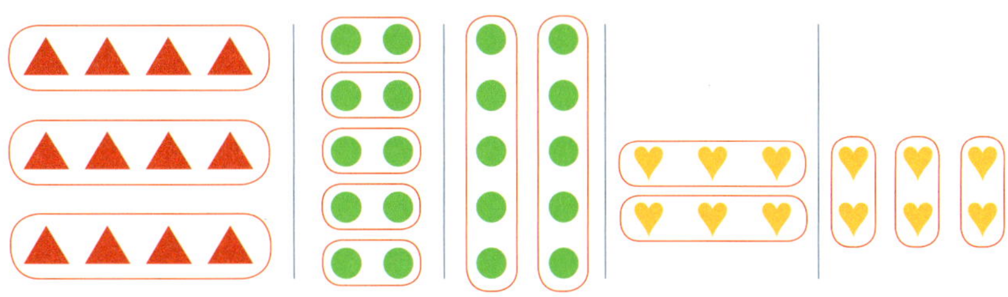

3 Zeichne Punktbilder zu den Aufgaben.

3 · 4 = 12

a)	b)	c)
4 · 5 =	8 · 2 =	7 · 4 =
3 · 5 =	6 · 3 =	8 · 4 =
1 · 9 =	10 · 3 =	5 · 2 =

Multiplizieren mit 2

①

$2 + 2 + 2 = 6$
$3 \cdot 2 = 6$

$2 + 2 + 2 + 2 = \_\_$
$\_\_ \cdot 2 = \_\_$

② Zweiersprünge am Zahlenstrahl

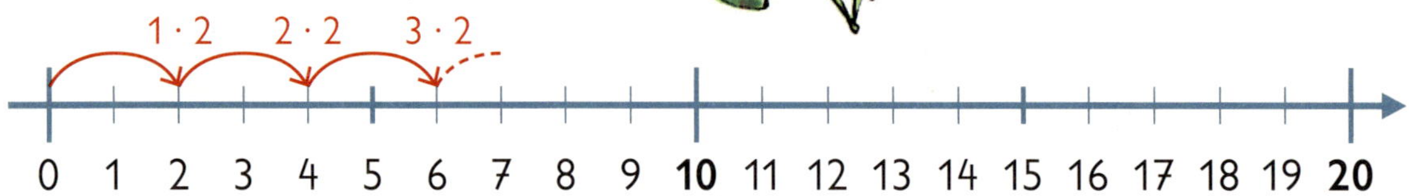

Wie viele Zweiersprünge sind es bis zur 8, 10, 14, 16, 20?

③ Kernaufgaben

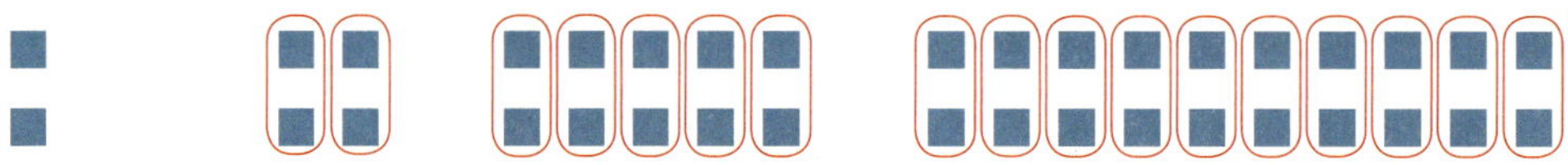

$1 \cdot 2 = 2$ $2 \cdot 2 = 4$ $5 \cdot 2 = 10$ $10 \cdot 2 = 20$

Tom, Anna und Ben finden beim Rechnen mit Kernaufgaben neue Aufgaben:

Tom verdoppelt:	Anna addiert:			Ben subtrahiert:
$2 \cdot 2 = 4$	$1 \cdot 2 = 2$	$5 \cdot 2 = 10$	$5 \cdot 2 = 10$	$10 \cdot 2 = 20$
$4 \cdot 2 = \_\_$	$2 \cdot 2 = 4$	$1 \cdot 2 = 2$	$2 \cdot 2 = 4$	$1 \cdot 2 = 2$
$8 \cdot 2 = \_\_$	$3 \cdot 2 = \_\_$	$6 \cdot 2 = \_\_$	$7 \cdot 2 = \_\_$	$9 \cdot 2 = \_\_$

$5 + 5$	$16 = 4 + \_\_ + \_\_ + \_\_$	$6 + 6 = \_\_ \cdot 6$
$3 + 3 + 3 + 3$	$30 = 10 + \_\_ + \_\_$	$8 + 8 + 8 + 8 = \_\_ \cdot 8$
$10 + 10 + 10$	$10 = 5 + \_\_$	$2 + 2 + 2 = \_\_ \cdot 2$

1: Addieren und Multiplizieren 2: In Zweiersprüngen zählen
3: Kernaufgaben in ihrer Bedeutung für das Finden weiterer Aufgaben verstehen
AH 36 TÜ 42

① Multipliziere. Nutze die Kernaufgaben.

a) $7 \cdot 2$, $9 \cdot 2$, $1 \cdot 2$

b) $6 \cdot 2$, $2 \cdot 2$, $5 \cdot 2$

c) $6 = \_\_ \cdot 3$, $8 = \_\_ \cdot 4$, $2 = \_\_ \cdot 2$

d) $14 = \_\_ \cdot 2$, $10 = \_\_ \cdot 2$, $20 = \_\_ \cdot 2$

e) $18 = \_\_ \cdot 2$, $12 = \_\_ \cdot 2$, $4 = \_\_ \cdot 2$

② Malfolge der 2

Lerne die Malfolge auswendig.

$0 \cdot 2 = 0$	
$1 \cdot 2 = 2$	+ 2
$2 \cdot 2 = 4$	+ 2
$3 \cdot 2 = 6$	+ 2
$4 \cdot 2 = 8$	+ 2
$5 \cdot 2 = 10$	
$6 \cdot 2 = 12$	
$7 \cdot 2 = 14$	
$8 \cdot 2 = 16$	
$9 \cdot 2 = 18$	
$10 \cdot 2 = 20$	

③ a) $4 \cdot 2$, $5 \cdot 2$, $6 \cdot 2$

b) $3 \cdot 2$, $9 \cdot 2$, $1 \cdot 2$

c) $8 \cdot 2$, $0 \cdot 2$, $10 \cdot 2$

④ a) $7 \xrightarrow{\cdot 2} \_\_$, $9 \xrightarrow{\cdot 2} \_\_$

b) $3 \xrightarrow{\cdot 2} \_\_$, $5 \xrightarrow{\cdot 2} \_\_$

5 $\_\_ \xrightarrow{\cdot 2} 16$ $\_\_ \xrightarrow{\cdot 2} 10$ $\_\_ \xrightarrow{\cdot 2} 20$ $\_\_ \xrightarrow{\cdot 2} 8$ $\_\_ \xrightarrow{\cdot 2} 12$

⑥ Im Schuhschrank stehen 6 Paar Schuhe. Wie viele Schuhe sind das?

⑦ An 8 Fahrrädern werden die Reifen erneuert.
Wie viele Reifen werden ausgetauscht?

8 Ein Traktor hat vorn zwei kleine Räder und hinten zwei große Räder.
An 4 Traktoren werden die kleinen Räder ausgetauscht.
Wie viele kleine Räder werden für den Austausch benötigt?
Wie viele Räder werden benötigt, wenn an allen Traktoren die großen und die kleinen Räder ausgetauscht werden?

1: Multiplizieren – Kernaufgaben nutzen 2: Malfolge lernen 3 und 4: Produkte berechnen
5: Faktoren ermitteln 6 bis 8: Inhalt erfassen, Aufgaben bilden und lösen, im ganzen Satz antworten
AH ▶ 36 TÜ ▶ 42

Multiplizieren mit 10

① 

10 + 10 + 10 = ☐
☐ · 10 = ☐

10 + 10 + 10 + 10 + 10 = ☐
☐ · 10 = ☐

② 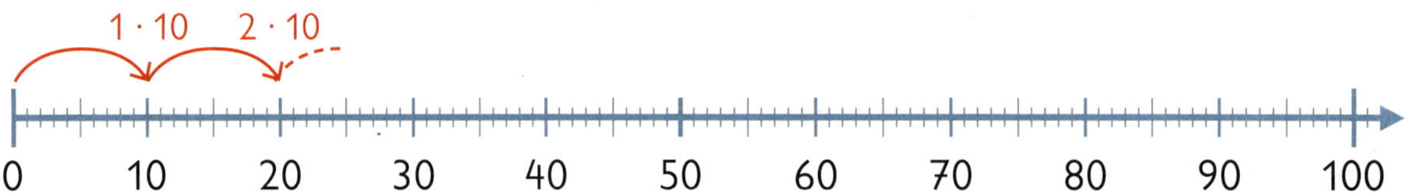

Die Kernaufgaben der Malfolge mit 10:

1 · 10 = 10
2 · 10 = 20
5 · 10 = 50
10 · 10 = 100

③ Bilde neue Aufgaben mit Hilfe der Kernaufgaben.

a) Verdopple:

2 · 10 = 20
4 · 10 = ☐
8 · 10 = ☐

b) Subtrahiere:

10 · 10 = 100
1 · 10 = 10
9 · 10 = ☐

c) Addiere:

1 · 10 = 10
2 · 10 = 20
3 · 10 = ☐

5 · 10 = 50
1 · 10 = 10
6 · 10 = ☐

5 · 10 = 50
2 · 10 = 20
7 · 10 = ☐

④ Malfolge der 10

Lerne die Malfolge auswendig.

0 · 10 = 0
1 · 10 = 10
2 · 10 = 20
3 · 10 = 30
4 · 10 = 40
5 · 10 = 50
6 · 10 = 60
7 · 10 = 70
8 · 10 = 80
9 · 10 = 90
10 · 10 = 100

+ 10
+ 10
+ 10
+ 10

⑤

4 · 10	9 · 10
7 · 10	0 · 10
3 · 10	2 · 10

⑥

80 = ☐ · 10
30 = ☐ · 10
50 = ☐ · 10

40 = ☐ · 10
10 = ☐ · 10
70 = ☐ · 10

1: Multiplikation als verkürzte Addition erfassen 2: In Zehnersprüngen zählen 3: Mit Kernaufgaben rechnen
4: Malfolge lernen 5: Multiplizieren 6: Faktor ermitteln
AH 37 TÜ 43

① 5 + 5 + 5 + 5 + 5 + 5 + 5 + 5 + 5 + 5 = 50

10 · 5 = 50

②

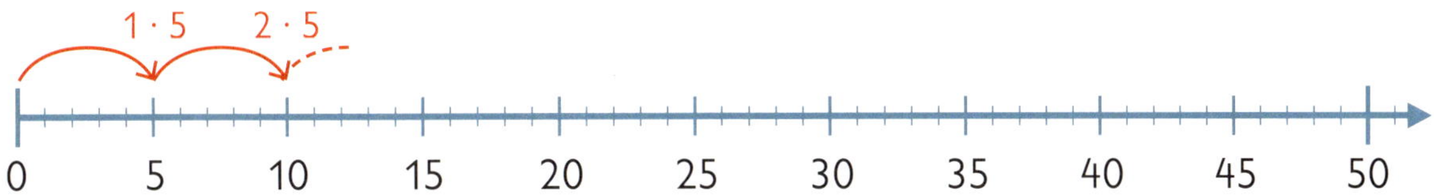

Die Kernaufgaben der Malfolge mit 5:

1 · 5 = 5
2 · 5 = 10
5 · 5 = 25
10 · 5 = 50

③ Bilde neue Aufgaben mit Hilfe der Kernaufgaben.

a) Verdopple:

2 · 5 = 10
4 · 5 = ___
8 · 5 = ___

b) Subtrahiere:

10 · 5 = 50
1 · 5 = 5
9 · 5 = ___

c) Addiere:

1 · 5 = 5
2 · 5 = 10
3 · 5 = ___

5 · 5 = 25
1 · 5 = 5
6 · 5 = ___

5 · 5 = 25
2 · 5 = 10
7 · 5 = ___

④ Malfolge der 5

Lerne die Malfolge auswendig.

0 · 5 = 0
1 · 5 = 5 (+ 5)
2 · 5 = 10 (+ 5)
3 · 5 = 15 (+ 5)
4 · 5 = 20 (+ 5)
5 · 5 = 25
6 · 5 = 30
7 · 5 = 35
8 · 5 = 40
9 · 5 = 45
10 · 5 = 50

⑤

7 · 5	4 · 5
5 · 7	5 · 4
3 · 5	8 · 5
5 · 3	5 · 8
9 · 5	10 · 5
5 · 9	5 · 10

6

6 —· 5→ ___

9 —· 5→ ___

___ —· 5→ 35

___ —· 5→ 25

___ —· 5→ 40

1: Additions- und Multiplikationsaufgabe finden und lösen 2: Anzahl der Sprünge nennen 3: Mit Kernaufgaben rechnen
4: Malfolge der 5 auswendig lernen 5: Aufgabe und Tauschaufgabe lösen 6: Rechenbefehle ausführen

AH ▶ 37 TÜ ▶ 43

Dividieren

Wie viele Boote werden benötigt?

Schreibe und rechne so: 8 : 2 = 4 **Sprich so:** 8 geteilt durch 2 ist gleich 4.

Dividieren
: (geteilt durch)

Dividend Divisor
8 : 2 = 4
Quotient Quotient

① In einem Ruderboot haben 4 Kinder Platz.
Wie viele Boote benötigen 12 Kinder? Rechne. 12 : 4 = 3

② Wie viele Bootskarten kann man für 20 Euro kaufen?

a) für Kinder b) für Erwachsene

③ Nach dem Wasserwandern holen sich die Kinder etwas zu essen und zu trinken. Verteile gleichmäßig.

a) 10 Äpfel an 5 Kinder
b) 12 Knusperstangen an 4 Kinder
c) 18 Brötchen an 6 Kinder
d) 14 Flaschen Saft an 7 Kinder

④ In jedem Dreier-Paddelboot müssen 3 Schwimmwesten sein.
Für wie viele Boote reichen 21 Schwimmwesten?

1 bis 4: Divisionsaufgabe finden und lösen, im ganzen Satz antworten
AH 38 TÜ 44

Wie viele Sträuße mit jeweils 3 Rosen kann die Verkäuferin binden?

Schreibe und rechne so: 30 : 3 = 10 **Sprich so:** 30 geteilt durch 3 ist gleich 10.

(1) Wie viele Sträuße kann die Verkäuferin jeweils binden?

a) 15 Rosen zu Sträußen mit je 3 Rosen
b) 30 Tulpen zu Sträußen mit je 10 Tulpen
c) 15 Nelken zu Sträußen mit je 5 Nelken

(2) Teile so auf, dass immer 4 Blumen in einen Blumenkasten kommen.
Wie viele Blumenkästen benötigst du?
Schreibe die Aufgaben mit : auf und rechne.

a) 

b) 

c) 

Rechne so: 8 : 4 =

(3) Ein Papierstreifen ist 20 cm lang. Teile den Streifen:

a) in 10 cm lange Stücke
b) in 4 cm lange Stücke
c) in 5 cm lange Stücke
d) in 2 cm lange Stücke.

Zeichne einen solchen Streifen.
Trage die Teilungen ein. Wie viele Teile entstehen jeweils?

1 bis 3: Inhalt der Aufgaben erfassen, Divisionsaufgabe bilden und lösen

Dividieren – Umkehraufgaben

(1) Anna bringt die Lesebücher in die Schulbücherei.
Sie trägt jedes Mal 4 Bücher.
Wie oft muss sie gehen?

Rechne und begründe so:
20 : 4 = ☐, denn ☐ · 4 = 20

(2) Rechne und begründe.

10 : 2 = 5, denn 5 · 2 = 10

a)	b)	c)	d)
8 : 2	15 : 5	14 : 2	20 : 10
16 : 2	35 : 5	18 : 2	80 : 10
20 : 2	20 : 5	12 : 2	50 : 10

(3)

Beispiel: 2 → · 4 → 8, 8 → : 4 → 2

a) 3 → · 5 → ☐, ☐ → : 5 → 3

b) 6 → · 10 → ☐, ☐ → : 10 → 6

c) 7 → · 3 → ☐, ☐ → : 3 → 7

(4) Schreibe zu jedem Punktbild 2 Aufgaben mit · und 2 Aufgaben mit : .

2 · 3 = 6
3 · 2 = 6
6 : 3 = 2
6 : 2 = 3

a) 

b) 

c) 

d) 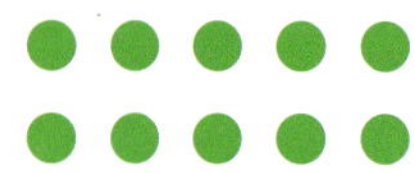

e) 

f) 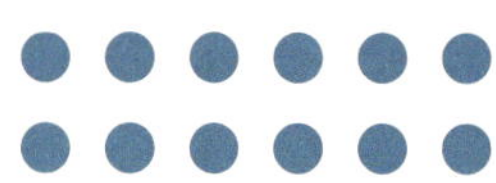

g) 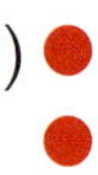

(5) Bilde Aufgabenfamilien.

5 2 10

5 · 2 = 10   10 : 2 = 5
2 · 5 = 10   10 : 5 = 2

a) 7 2 14

b) 6 5 30

c) 9 2 18

d) 8 5 40

1. Berechne die Quotienten. 18 : 3, 20 : 5, 16 : 2, 9 : 3, 7 : 1, 9 : 9
2. Berechne die Produkte. 3 · 5, 7 · 2, 4 · 10, 1 · 8, 2 · 4, 8 · 2

1 bis 3: Division als Umkehrung der Multiplikation erfassen, Lösung begründen
4: Multiplikations- und Divisionsaufgaben zuordnen und lösen 5: Aufgabenfamilien finden
AH ▶ 39 TÜ ▶ 44

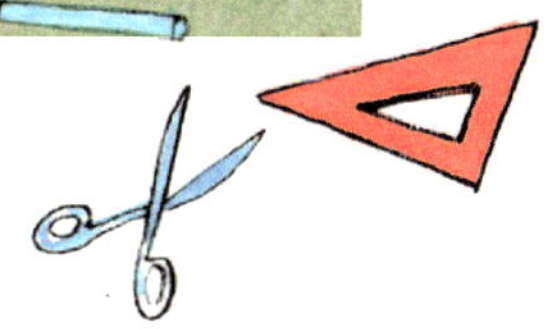

(1) Verteile die Arbeitsmittel gerecht an Lisa und Max.
Was erhält jedes Kind?

(2) Lege mit Plättchen.
Rechne und begründe das Ergebnis mit der Umkehraufgabe.

10 : 2 = 5, denn 5 · 2 = 10

a)	b)	c)
6 : 2	12 : 2	20 : 2
10 : 2	16 : 2	4 : 2
14 : 2	18 : 2	2 : 2

(3) Löse die Aufgaben. Erzähle Rechengeschichten zu den Aufgaben.
a) 10 : 2 b) 18 : 2 c) 14 : 2 d) 16 : 2 e) 12 : 2

[4] Setze das richtige Zeichen: < = >.
a) 18 : 9 ○ 9 b) 10 : 2 ○ 4 c) 2 : 2 ○ 1 d) 8 : 2 ○ 4

(5) a) Auf der Wäscheleine hängen 16 Socken.
Wie viele Paare sind es?
b) Ergänze die Tabelle in deinem Heft.

Socken	8	12		4		
Paare			3		7	10

(6) Dem Radsportverein wurden 16 neue Reifen gespendet.
Wie viele Fahrräder können nun neue Reifen bekommen?

1: Arbeitsmittel gerecht verteilen 2: Aufgabe legen und lösen, Umkehraufgabe finden und lösen 3: Dividieren, zur Gleichung eine Geschichte erzählen 4: Dividieren und Relationszeichen setzen 5 und 6: Inhalt erfassen, Aufgabe finden und lösen, Tabelle ergänzen
AH 40 TÜ 45

Verdoppeln

Tina und Nina kaufen alles doppelt.

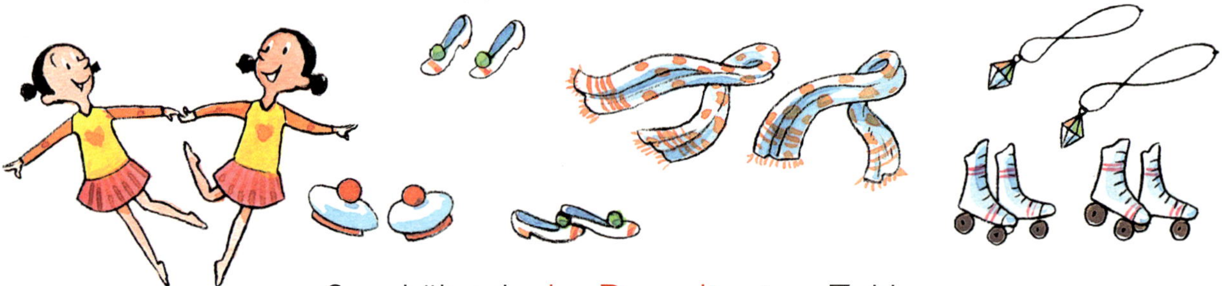

So erhältst du das Doppelte einer Zahl:

Du addierst die gleiche Zahl.	oder	Du multiplizierst die Zahl mit 2.

Beispiel:

$3 + 3 = 6$
$5 + 5 = 10$
$20 + 20 = 40$

Beispiel:

$2 \cdot 3 = 6$
$2 \cdot 5 = 10$
$2 \cdot 20 = 40$

(1)

Zahl	2	4	6	8	9	10	30	40	50
das Doppelte									

4 8 12 16 18
20 60 80 100

(2) Verdopple. 3 €, 6 €, 20 €, 50 €, 10 ct, 5 ct, 7 ct, 9 ct

10 ct 14 ct 18 ct
20 ct 6 € 12 €
40 € 100 €

(3) Berechne die doppelte Länge der Strecken:

$\overline{AB} = 4\,m$ $\overline{CD} = 5\,m$ $\overline{EF} = 7\,cm$ $\overline{MN} = 10\,m$

(4) Nina hat zu ihrem Geburtstag 5 Kinder eingeladen.
Zum Geburtstag von Tim sind doppelt so viele Kinder gekommen.
Wie viele Kinder kamen zu Tims Geburtstag?

(5) Eine Theaterkarte für Kinder kostet 9 Euro.
Die Karten für Erwachsene kosten doppelt so viel.
Wie viel Euro kostet eine Theaterkarte für Ninas Mutter?

6 Maria hat ein Freundschaftsband von 18 cm Länge geknüpft.
Lisa hat schon 8 cm von ihrem Band fertig und
knüpft nun nochmals die gleiche Länge.
Wird das Band von Lisa länger oder kürzer als das Band von Maria?

1 bis 3: Verdoppeln über Addition und Multiplikation
4 bis 6: Inhalt erfassen, Aufgabe finden und lösen
AH 41 TÜ 46

① Tina und Nina teilen alles.

Zahl	2	12	20	40	80	50	18	24	30	100
die Hälfte	1									

② Halbiere die Geldbeträge. Nutze dein Rechengeld.

Betrag	8 €	12 €	26 €	44 €	80 €
die Hälfte					

Durch 2 dividieren ergibt die Hälfte.

③ Anna zeichnet ein Schmuckband von 40 cm Länge. Das Schmuckband von Lisa ist nur halb so lang. Wie lang ist das Band von Lisa?

④ Anna hat 18 Euro gespart. Die Hälfte davon muss sie für einen Malkasten bezahlen. Wie viel Geld hat sie noch?

5 Oma schenkt Nina und Tina insgesamt 22 Euro. Wie viel Euro bekommt jedes Kind, wenn jedes das gleiche erhält?

6 a) Der Eintritt in den Zoo kostet für Kinder nur die Hälfte. Tina bezahlt 3,50 Euro. Wie viel Euro muss ihr Vater bezahlen? Lege mit Rechengeld.
b) Nina und ihre Mutter möchten auch mitkommen. Wie viel Euro bezahlen sie insgesamt?

7 a) Meine gedachte Zahl ist die Hälfte von 2 · 6.
b) Halbiere die Summe aus 38 und 12.

3 · 2	10 · 2	5 · 2	14 : 2	☐ · 2 = 4
6 : 3	20 : 2	6 · 2	16 : 2	☐ · 2 = 12
6 : 2	20 : 10	7 · 2	18 : 2	☐ · 2 = 16

Gerade und ungerade Zahlen

1	2	3	4	5	6	7	8	9	10
11		13	14	15		17	18	19	20
21	22	23	24		26	27	28	29	
31	32	33		35	36		38	39	40
41	42		44	45	46	47		49	50
51	52	53	54	55	56	57	58	59	
	62	63		65	66	67	68		70
71	72	73	74	75		77	78	79	80
81	82	83	84	85	86	87		89	90
91		93	94	95	96	97	98	99	100

1 a) Schreibe alle fehlenden geraden Zahlen auf.
b) Schreibe zu allen fehlenden ungeraden Zahlen den Vorgänger und den Nachfolger auf. Fertige dazu eine Tabelle an.

V	Z	N
24	25	26

2 Der Postbote hat für die Häuser mit den Nummern 53 bis 64 Post. Er trägt zuerst die Post auf der rechten Straßenseite aus. Dort sind alle Hausnummern gerade Zahlen. Welche Häuser bekommen die Post zuerst?

3 Auf welcher Straßenseite wohnen die Kinder?

4 a) Schreibe alle geraden Zahlen zwischen 12 und 24 auf.
b) Schreibe alle ungeraden Zahlen zwischen 31 und 43 auf.

5 Zähle und entscheide: gerade oder ungerade Zahl?
a) die Kinderstühle im Klassenzimmer
b) die Jungen in deiner Klasse
c) die Schülertische im Klassenzimmer
d) die Mädchen in deiner Klasse

6 Wahr (w) oder falsch (f)? Überprüfe mit selbst gewählten Zahlen.
Das Ergebnis ist immer eine gerade Zahl, wenn du
a) eine gerade Zahl verdoppelst,
b) zwei ungerade Zahlen addierst,
c) zu einer ungeraden Zahl 2 addierst,
d) eine ungerade Zahl verdoppelst.

1: Gerade und ungerade Zahlen erkennen, Vorgänger und Nachfolger bestimmen 2 und 3: Gerade und ungerade Zahlen den Straßenseiten zuordnen 4: Zahlen erkennen und aufschreiben 5: gerade oder ungerade Zahl zuordnen 6: Wahrheitsgehalt prüfen

AH ▸ 42 TÜ ▸ 47

①

In jeden Karton werden 10 Pflanzen verpackt.
Wie viele Kartons werden benötigt?

Rechne und begründe so:
20 : 10 = ▢, denn ▢ · 10 = 20   30 : 10 = ▢, denn ▢ · 10 = 30

② Wie viele Kartons für je 10 Pflanzen werden benötigt für
a) 50 Pflanzen   b) 70 Pflanzen   c) 10 Pflanzen   d) 90 Pflanzen?

Rechne und überprüfe mit der Umkehraufgabe.

③ Es sind 7 Aufgaben in der Blume versteckt.
Schreibe sie auf und rechne.

4 Tom hat 40 Euro. Könnte er dafür alle 5 Sträuße kaufen?
Begründe deine Antwort.

5 Setze das richtige Zeichen: < = > .

a) 3 · 10 ◯ 20   b) 90 : 10 ◯ 20
   7 · 10 ◯ 90   50 : 10 ◯ 4
   2 · 10 ◯ 20   80 : 10 ◯ 8

⑥ Rechne.

a) 90 $\xrightarrow{:10}$ ▢   9 $\xrightarrow{\cdot 10}$ ▢
b) 60 $\xrightarrow{:10}$ ▢   6 $\xrightarrow{\cdot 10}$ ▢

Dividieren durch 5

(1)

Rechne und begründe so:

15 : 5 = __, denn __ · 5 = 15   20 : 5 = __, denn __ · 5 = 20

(2) In der Pralinenschachtel sind 7 Aufgaben versteckt. Schreibe sie auf und rechne. Überprüfe mit der Umkehraufgabe.

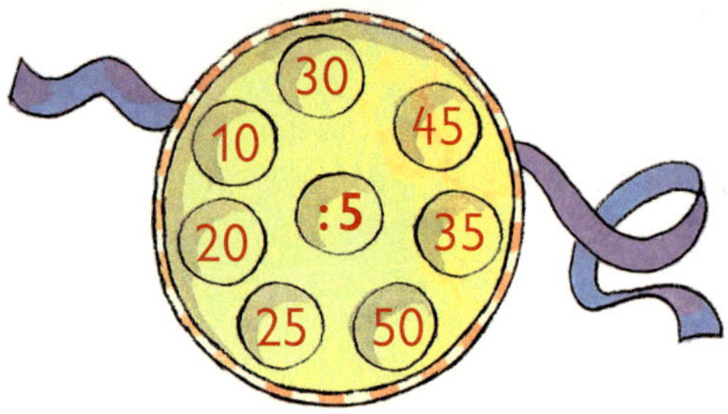

[3] Wie viele Törtchen sind in jeder Schachtel? Schreibe die zugehörige Aufgabe mit · auf und löse sie. Überprüfe mit der Umkehraufgabe.

a) 

b) 

c) 

(4) Ben kauft 7 Schachteln Pralinen für 35 €. Wie viel kostet eine Schachtel?

△5 Lisa will 5 Baumkuchen zu je 5 € kaufen. Sie hat 30 €. Reicht das Geld?

[6] Wie viele Geldstücke hat jedes Kind? Lege mit Rechengeld und rechne.

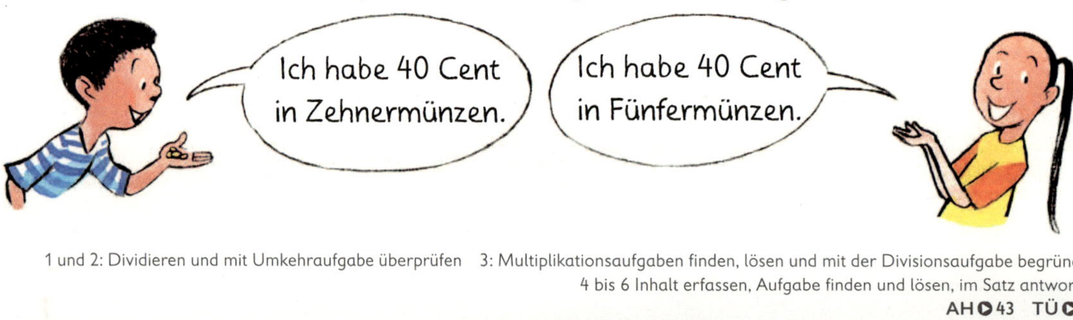

1 und 2: Dividieren und mit Umkehraufgabe überprüfen   3: Multiplikationsaufgaben finden, lösen und mit der Divisionsaufgabe begründen
4 bis 6 Inhalt erfassen, Aufgabe finden und lösen, im Satz antworten
AH ▸ 43   TÜ ▸ 48

①

3 · 2 = ☐ 3 · 1 = ☐ 3 · 0 = ☐

② Zeichne und rechne so:

2 · 2 = ☐

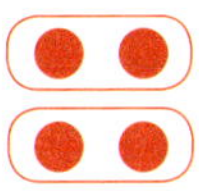

2 · 1 = ☐

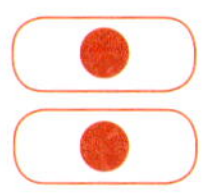

2 · 0 = ☐

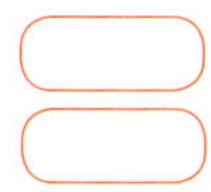

a) 4 · 2 4 · 1 4 · 0 b) 5 · 2 5 · 1 5 · 0

c) 6 · 2 6 · 1 6 · 0 d) 10 · 2 10 · 1 10 · 0

③ Zeichne und rechne. Was fällt dir auf?

1 · 2 = ☐ und 2 · 1 = ☐

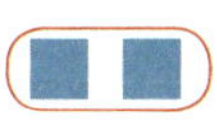

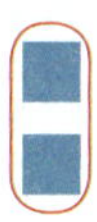

a) 5 · 1 = ☐ und 1 · 5 = ☐
b) 3 · 1 = ☐ und 1 · 3 = ☐
c) 10 · 1 = ☐ und 1 · 10 = ☐
d) 7 · 1 = ☐ und 1 · 7 = ☐

④ Rechne und begründe mit der Umkehraufgabe.

8 : 2 = ☐, denn ☐ · 2 = 8
8 : 1 = ☐, denn ☐ · 1 = 8

Für 8 : 0 gibt es kein Ergebnis.
Aber: 0 : 8 = 0, denn 0 · 8 = 0.

⑤ Rechne. Was fällt dir auf?

1 : 1 = ☐	10 : 1 = ☐	0 : 1 = ☐	0 : 9 = ☐	1 : 1 = ☐	6 : 6 = ☐
4 : 1 = ☐	7 : 1 = ☐	0 : 5 = ☐	0 : 10 = ☐	3 : 3 = ☐	10 : 10 = ☐

1. Rechne und begründe mit der Umkehraufgabe. 14 : 2, 15 : 5, 18 : 2
2. Berechne die Produkte. 7 · 5, 2 · 10, 5 · 6, 10 · 5, 7 · 2, 3 · 3

1 bis 3: Multiplikation mit 1 und 0 erfassen
4 und 5: Besonderheiten bei der Division mit 1 und 0 erkennen

Multiplizieren und Dividieren

1 Berechne die Produkte.

a) 8 · 2
9 · 5
6 · 10
4 · 2
3 · 10

b) 10 · 5
7 · 2
6 · 5
1 · 10
9 · 2

3	5	6	7
8	8	8	9
10	10	10	
10	14	16	
18	30	30	
45	50	60	

2 Berechne die Quotienten.

a) 16 : 2
25 : 5
80 : 10
45 : 5
12 : 2

b) 100 : 10
35 : 5
20 : 2
50 : 5
30 : 10

3
a) ___ · 2 = 14
___ · 2 = 18
___ · 2 = 20
___ · 2 = 10
___ · 2 = 0

b) ___ · 10 = 40
___ · 10 = 10
___ · 10 = 80
___ · 10 = 0
___ · 10 = 50

c) ___ · 5 = 25
___ · 5 = 5
___ · 5 = 30
___ · 5 = 45
___ · 5 = 10

4
___ : 5 = 6
___ : 5 = 8
___ : 2 = 10
___ : 2 = 4
___ : 2 = 1

5 Bestimme die Faktoren.

a) 18 = ___ · 2
20 = ___ · 5
40 = ___ · 5
60 = ___ · 10
90 = ___ · 10

b) 25 = ___ · 5
45 = ___ · 5
8 = ___ · 2
14 = ___ · 2
70 = ___ · 10

6 Bestimme die Dividenden.

a) 4 = ___ : 5
8 = ___ : 5
9 = ___ : 2
8 = ___ : 2
5 = ___ : 10

b) 6 = ___ : 2
10 = ___ : 2
1 = ___ : 10
1 = ___ : 5
2 = ___ : 5

7

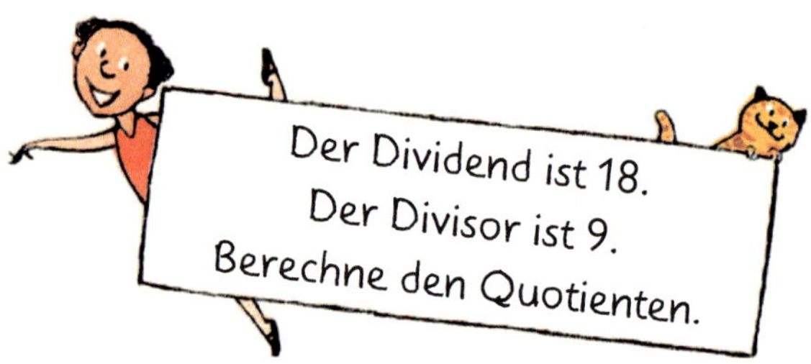

8 Zeichne die Tabelle in dein Heft.
Berechne die Produkte.

·	5	2	10
7			
1			
5			
0			
6			

9 a) Welche Zahlen von 15 bis 45 kannst du durch 5 teilen? Schreibe die Zahlen auf.
b) Welche Zahlen von 40 bis 100 kannst du durch 10 teilen? Schreibe die Zahlen auf.

10 Verdopple.
a) 8, 10, 6, 9, 4
b) 3 €, 7 €, 3 ct, 10 ct, 5 ct

1 und 2: Produkte/Quotienten berechnen 3 bis 6: Faktor/Dividend berechnen 7: Begriffe verstehen, Aufgabe finden und lösen
8: Tabelle ergänzen 9: Zahlen mit dem angegebenen Teiler ermitteln 10: Zahlen/Geldbeträge verdoppeln

AH 44 TÜ 49

① Bilde Aufgabenfamilien.

a) 3 5 15 | 35 7 5 | 10 50 5

b) 9 2 18 | 20 10 2 | 2 1 2

c) 40 4 10 | 10 60 6 | 90 10 9

d) 2 7 ? | 30 ? 5 | ? 10 60

② Vervollständige die Rechenketten.

a) 18 —: ☐→ 9 —· ☐→ 45

b) 35 —: ☐→ 7 —· ☐→ 70

c) 20 —: ☐→ 10 —· ☐→ 50

d) 80 —: ☐→ 8 —· ☐→ 40

e) 50 —: ☐→ 10 —· ☐→ 20 —: ☐→ 4

f) 4 —· ☐→ 40 —: ☐→ 8 —· ☐→ 16

③ Halbiere.

a) 60, 16, 6   b) 40 €, 12 €, 8 ct, 18 ct   c) 40 m, 14 m, 4 cm, 10 cm

④ Max sägt eine 45 cm lange Holzleiste in 5 gleich lange Teile.
Wie lang ist jedes Teil?

⑤ Die Lehrerin hat für den Klassenausflug bereits 70 Euro eingesammelt.
Jedes Kind muss 10 Euro bezahlen.
Wie viele Kinder haben schon bezahlt?

⑥ Das kleine Riesenrad hat 8 Gondeln.
In jeder Gondel dürfen nur 2 Kinder mitfahren.
Wie viele Kinder fahren mit,
wenn alle Gondeln besetzt sind?

[7] Wer hat das wenigste Geld?
Anna hat 8 Geldscheine zu je 5 Euro.
Ben hat 3 Geldscheine zu je 10 Euro.
Lisa hat 10 Münzen zu je 2 Euro.

Die Lehrerin verteilt 14 Bälle an 4 Kinder.
a) Wie viele Bälle erhält jedes Kind?
b) Wie viele Bälle bleiben übrig?
Max fertigt eine Zeichnung an.

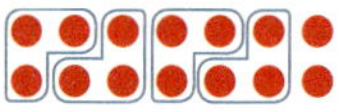

Er rechnet: 14 : 4 = 3 Rest 2
Er überprüft: 14 = 4 · 3 + 2
14 = 12 + 2

① **Rechne und schreibe so:** 38 : 5 = 7 Rest 3

7 : 2	17 : 2	37 : 5	44 : 5	52 : 10	13 : 10	14 : 10
3 : 2	11 : 2	49 : 5	7 : 5	88 : 10	99 : 10	14 : 5
9 : 2	19 : 2	18 : 5	28 : 5	44 : 10	66 : 10	15 : 2

1 R 1, 1 R 2, 1 R 3, 1 R 4, 2 R 1, 2 R 5, 3 R 4, 4 R 1, 4 R 4, 5 R 1, 5 R 2, 5 R 2, 5 R 3, 6 R 6, 7 R 1, 8 R 1, 8 R 4, 8 R 8, 9 R 1, 9 R 4, 9 R 9,

② Tom teilt 19 Äpfel auf 2 Körbe auf.
Wie viele Äpfel bleiben übrig?

③ Jedes Kind verteilt 19 Murmeln.
a) Max verteilt an 2 Kinder.
b) Anna verteilt an 10 Kinder.
c) Ben verteilt an 5 Kinder.

Bei wem bleiben die meisten Kugeln übrig?

④ Lisa hat 64 Münzen zu je 1 Cent. Sie tauscht sie gegen 10-Cent-Münzen.
Wie viele 10-Cent-Münzen und 1-Cent-Münzen hat sie nach dem Tausch?

⑤ Tom tauscht 17 2-Cent-Münzen in 5-Cent-Münzen. Wie viele 5-Cent-Münzen und 2-Cent-Münzen hat er nach dem Tausch?

2 · 5	7 · 5	6 · 2	9 · 2	4 · 10	8 · 10	20 : 5	16 : 2	50 : 10
5 · 5	9 · 5	8 · 2	3 · 2	7 · 10	5 · 10	45 : 5	20 : 2	10 : 10

1: Dividieren
2 bis 5: Inhalt erfassen, Aufgaben finden und lösen, im Satz antworten

1	2	3	4	5	6	7	8	9	10
11	12	13	14	15	16	17	18	19	20
21	22	23	24	25	26	27	28	29	30
31	32	33	34	35	36	37	38	39	40
41	42	43	44	45	46	47	48	49	50
51	52	53	54	55	56	57	58	59	60
61	62	63	64	65	66	67	68	69	70
71	72	73	74	75	76	77	78	79	80
81	82	83	84	85	86	87	88	89	90
91	92	93	94	95	96	97	98	99	100

(1) Arbeite in der Hundertertafel:

a) Umkreise alle Zahlen, die durch 10 teilbar sind, rot.

b) Umkreise alle Zahlen, die durch 5 teilbar sind, blau.

c) Umkreise alle Zahlen, die durch 2 teilbar sind, gelb.
Was stellst du fest?

(2) Vervollständige die Merksätze und schreibe sie in dein Heft.

- Alle Zahlen, die durch 10 teilbar sind, enden auf 0.
- Alle Zahlen, die durch 5 teilbar sind, enden auf 0 oder 5.
- Alle Zahlen, die durch 2 teilbar sind, enden auf 0, 2, 4, 6 oder 8.

(3) Schreibe auf:

a) Welche Zahlen sind durch 2 teilbar?

7 10 4 16 8 11 20 9 2 5

b) Welche Zahlen sind durch 5 teilbar?

35 20 15 18 42 50 10 23

c) Welche Zahlen sind durch 10 teilbar?

60 85 10 35 48 12 100 30

12 : 2	18 : 2	15 : 5	25 : 5	60 : 10
8 : 2	10 : 2	30 : 5	45 : 5	20 : 10
2 : 2	16 : 2	10 : 5	5 : 5	10 : 10
20 : 2	4 : 2	50 : 5	20 : 5	50 : 10

1: In der Hundertertafel die durch 2, 5 und 10 teilbaren Zahlen kennzeichnen; erkennen, dass eine Zahl auch durch mehrere Zahlen teilbar sein kann 2: Teilbarkeitsregeln vervollständigen 3: Teilbarkeit erkennen
AH 44–45 TÜ 49–50

① Schreibe auf:

a) Welche Zahlen sind durch 5 und durch 10 teilbar?

5 18 25 40 10 15 30 45 50 35 44

b) Welche Zahlen sind durch 5 und durch 2 teilbar?

8 15 10 15 20 18 30 25 40 45

c) Welche Zahlen sind durch 2, 5 und 10 teilbar?

5 10 12 15 30 45 20 50 25 40

2 Schreibe auf:

a) Welche Zahlen zwischen 8 und 22 sind durch 2 teilbar?

b) Welche Zahlen zwischen 15 und 45 sind durch 5 teilbar?

c) Welche Zahlen zwischen 25 und 50 sind durch 5 und durch 10 teilbar?

3 Wahr w oder falsch f ?
Begründe deine Entscheidung mit einem Zahlenbeispiel.

a) Alle geraden Zahlen sind durch 2 teilbar.

b) Alle ungeraden Zahlen sind durch 5 teilbar.

c) Alle Zahlen, die auf 5 enden, sind durch 2 teilbar.

4 Welche Zahl ist es?

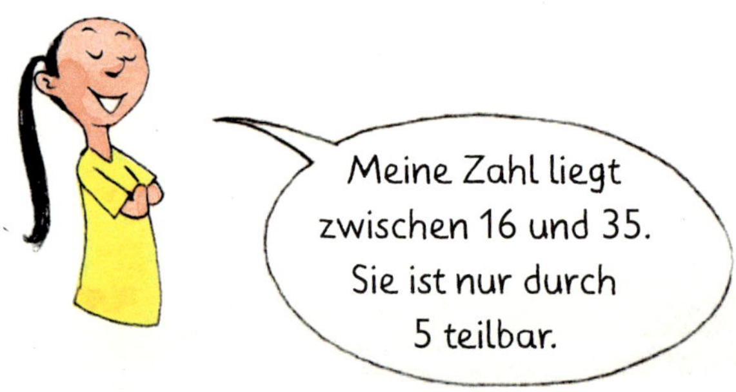

1 und 2: Teilbarkeit erkennen, Zahlen entsprechend der Teilbarkeit aufschreiben
3: Entscheidung mit einem Zahlenbeispiel begründen 4: Inhalt erfassen und Zahl benennen

AH ▶ 44–45 TÜ ▶ 49–50

1 Zeichne Kreise wie auf den Fotos.

2 Zeichne Kreise mit dem Mittelpunkt M und dem Radius:

a) r = 3 cm
r = 5 cm

b) r = 6 cm
r = 4 cm

c) r = 3 cm 5 mm
r = 4 cm 8 mm

d) r = 70 mm
r = 20 mm

3 Zeichne Kreise mit dem Mittelpunkt M und dem Durchmesser:

a) d = 10 cm
d = 12 cm

b) d = 8 cm
d = 4 cm

c) d = 10 cm 4 mm
d = 8 cm 6 mm

d) d = 100 mm
d = 60 mm

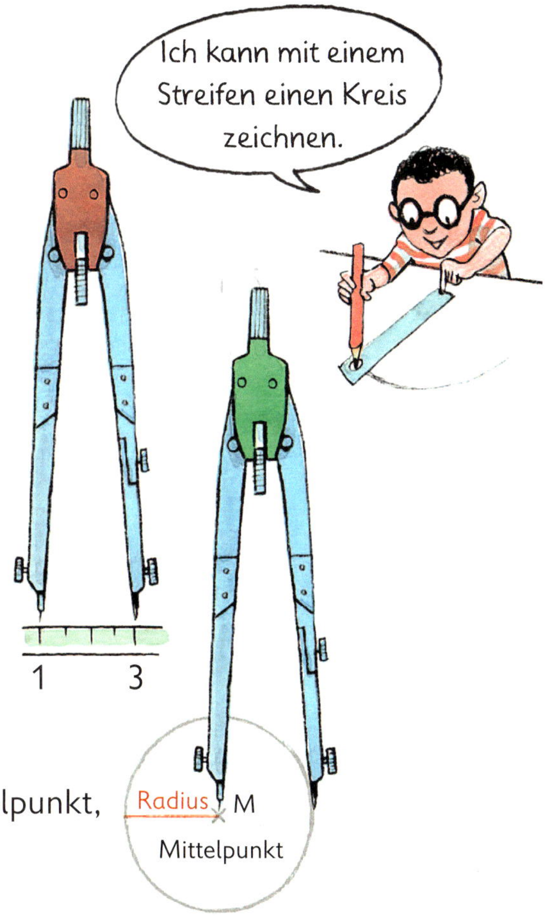

4 Zeichne zwei Kreise, die denselben Mittelpunkt, aber verschiedene Durchmesser haben.

5 Zeichne die Muster mit einem Zirkel.

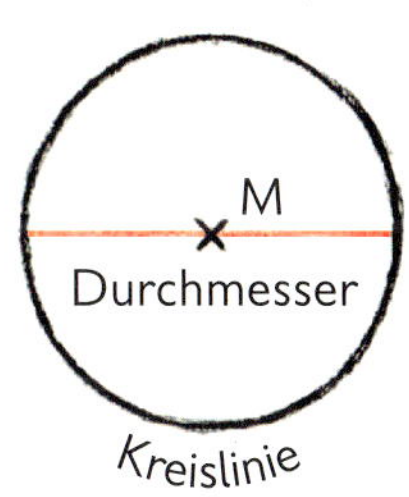

Symmetrische Figuren

(1) Finde heraus, welche Gemeinsamkeit die Figuren haben.

(2) Zeige, wie die Symmetrieachse durch die Figuren verläuft.

(3) Fertige selbst symmetrische Figuren an. Zeichne die Symmetrieachse ein.
So kannst du arbeiten:

Klecksen

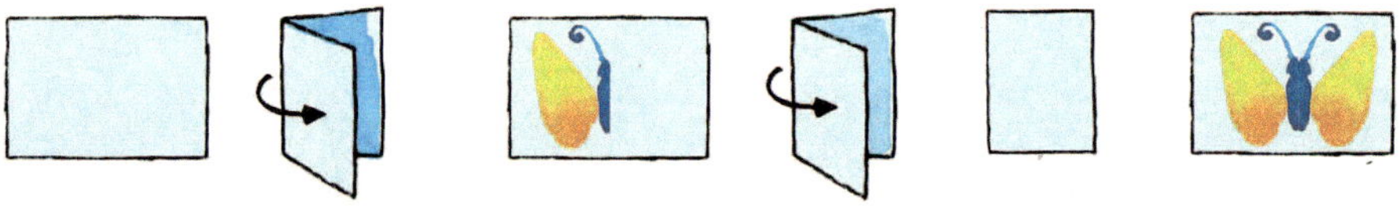

Reißen

Schneiden

Durchstechen

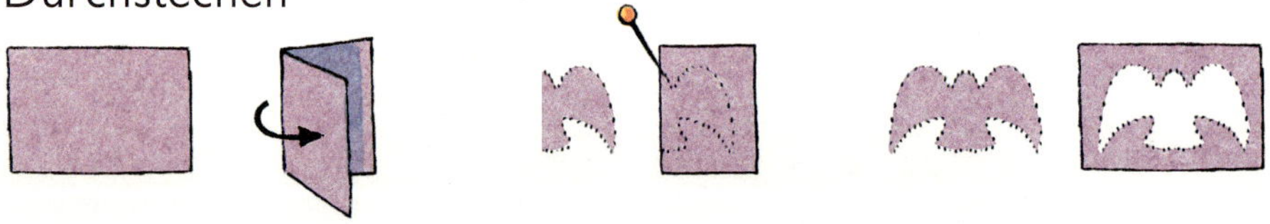

1: Symmetrie als Gemeinsamkeit erkennen 2: Verlauf der Symmetrieachse zeigen
3: Symmetrische Figuren herstellen, Symmetrieachse einzeichnen
AH 47 TÜ 52

① Lege die Figur.
Lege das Spiegelbild dazu.
Überprüfe mit dem Spiegel.

② a) Lies die Wörter mit Hilfe eines Spiegels.
b) Finde selbst solche Wörter.

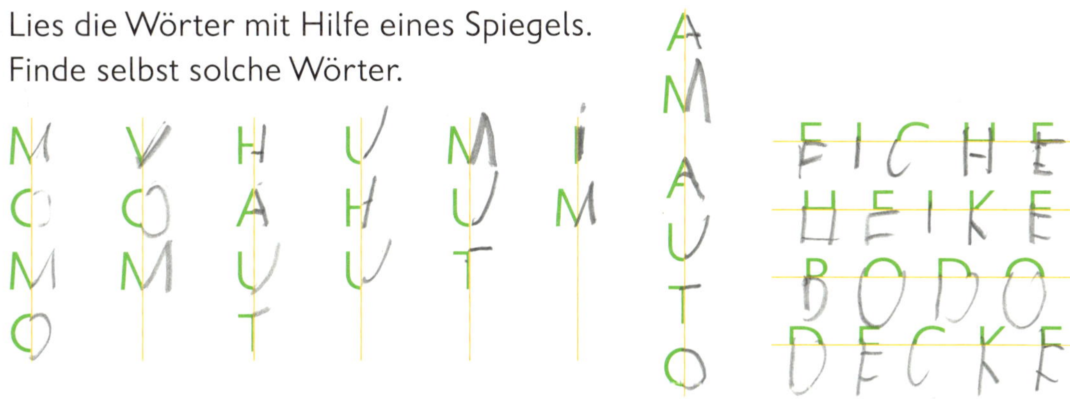

3 Übertrage die Zeichnung auf Kästchenpapier.
Zeichne das Spiegelbild dazu. Male alles aus.

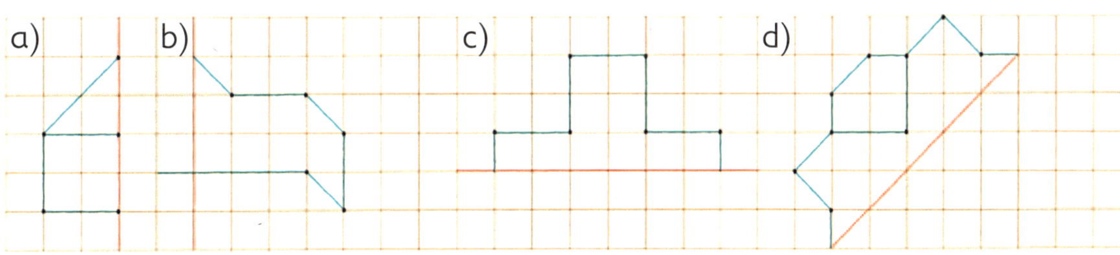

④ Spanne die Figur auf dem Geobrett. Spanne das Spiegelbild.
Überprüfe mit Hilfe des Spiegels.

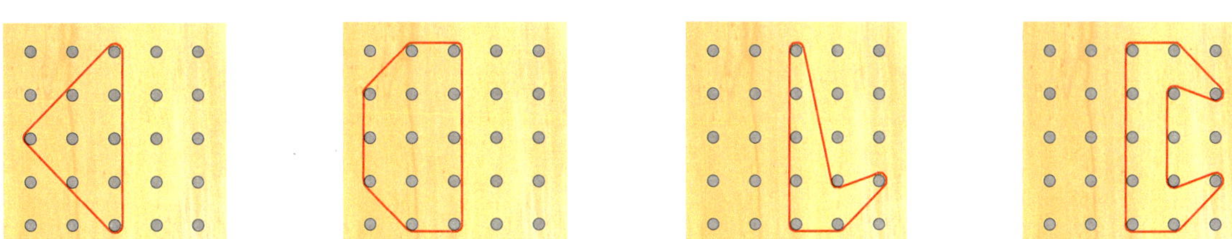

Minuten – Sekunden

Du sprichst: 1 Sekunde
Du schreibst: 1 s

1 Wie viele Sekunden sind vergangen?

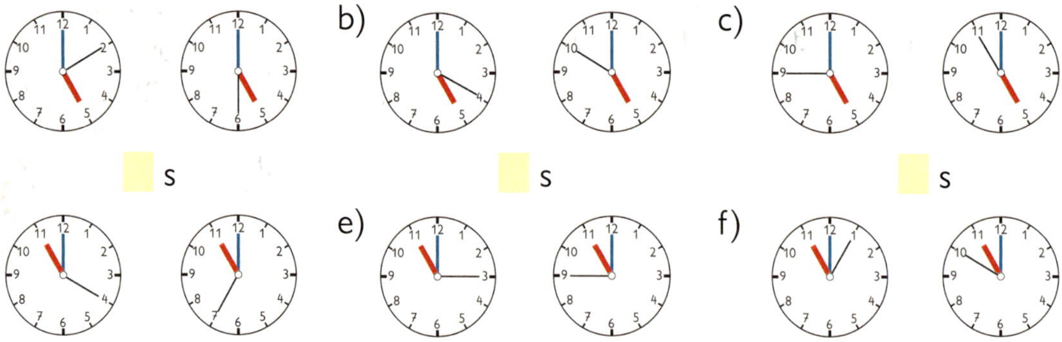

a) ☐ s
b) ☐ s
c) ☐ s
d) ☐ s
e) ☐ s
f) ☐ s

2 Wie viel mal muss der Sekundenzeiger umlaufen in:
3 Minuten, 5 Minuten, 8 Minuten, 10 Minuten?

3 Führe die Tätigkeiten zusammen mit deinem Nachbarn aus.
Schreibe die benötigte Zeit auf. Fertige dazu eine Tabelle an.

Tätigkeit	Zeit in Sekunden	
	Du	Dein Nachbar
Schreiben deinen Namen.		
Zähle von 1 bis 50.		
Sage die Malfolge der 5 auf.		
Falte ein Blatt so, dass 4 Vierecke entstehen.		

1: Zeitdauer in Sekunden angeben 2: Anzahl der Umläufe ermitteln
3: Tätigkeiten ausführen, Zeitdauer ermitteln und in die Tabelle eintragen

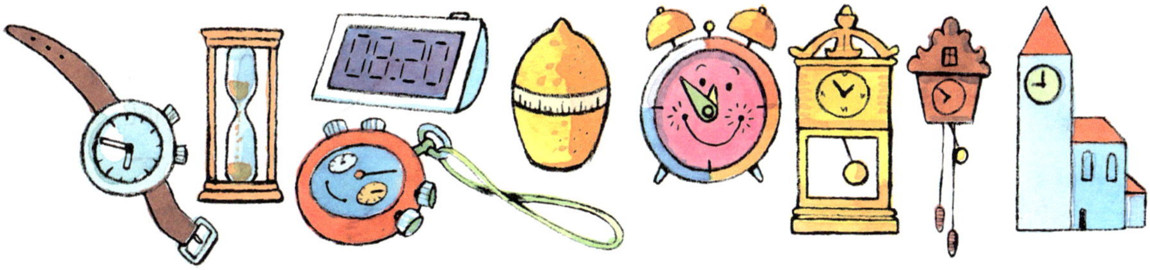

① Wo hast du solche oder ähnliche Uhren schon gesehen? Erzähle davon.

② Warum ist es wichtig, Zeiten richtig ablesen zu können? Nenne Beispiele.

③ Schreibe folgende Zeitangaben in der richtigen Reihenfolge auf:

nachts | vormittags | morgens | abends | mittags | nachmittags

④ Erzähle von deinem Tagesablauf.

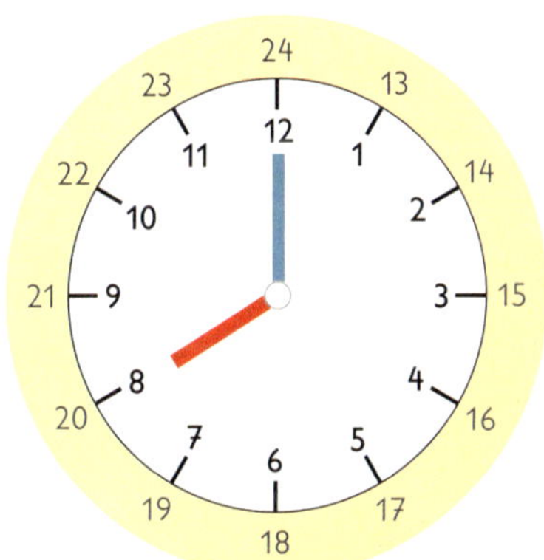

Erinnere dich:
Der kleine rote Zeiger ist der Stundenzeiger.
Der große blaue Zeiger ist der Minutenzeiger.

⑤ Wie spät ist es?

a) 
b) 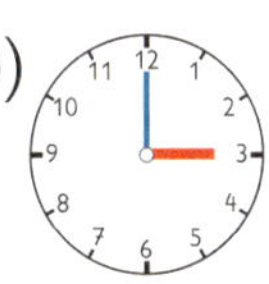
c) 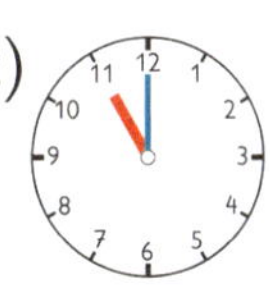
d) 
e) 

f) 

⑥ Stelle auf deiner Lernuhr folgende Zeiten ein: 3 Uhr, 10 Uhr, 5 Uhr, 12 Uhr, 7 Uhr, 1 Uhr. Kontrolliere mit deinem Nachbarn.

⑦ Nenne deinem Nachbarn eine Uhrzeit. Er stellt sie ein, du kontrollierst. Wechselt dann.

Die Uhrzeit

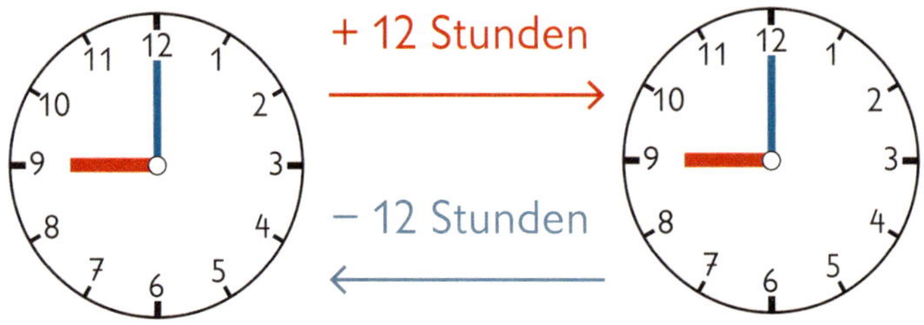

9:00 Uhr
Vormittagszeit

21:00 Uhr
Nachmittagszeit

Ein Tag hat 24 Stunden. Er beginnt um 0 Uhr und endet um 24 Uhr.

1 Nenne immer die Vormittagszeit und die Nachmittagszeit.

a)  b)  c) 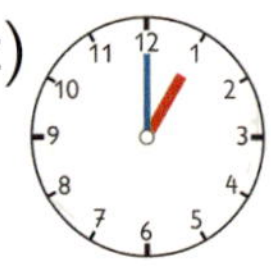 d)  e) 

f) 

g)  h)  i)  j)  k) 

2 Stelle auf deiner Lernuhr folgende Zeiten ein: 6 Uhr, 15 Uhr, 2 Uhr, 17 Uhr, 5 Uhr, 0 Uhr. Kontrolliere mit deinem Nachbarn.

Der Minutenzeiger benötigt von einem Teilstrich zum nächsten genau fünf Minuten. Eine Stunde hat 60 Minuten.
1 h = 60 min

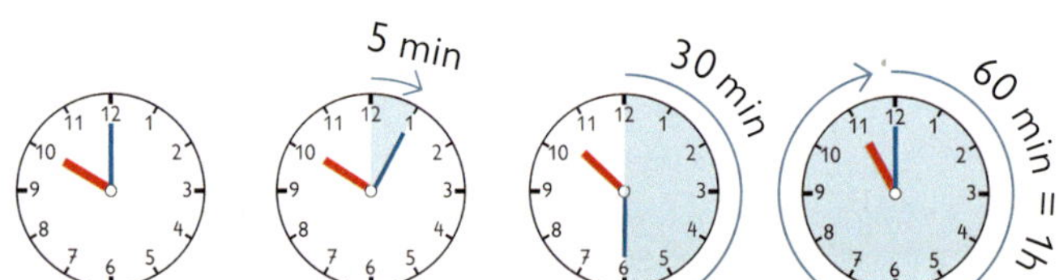

10:00 Uhr 10:05 Uhr 10:30 Uhr 11:00 Uhr

3 Auf welcher Zahl steht der Minutenzeiger, wenn

a) 10 min b) 20 min c) 50 min d) 35 min e) 45 min f) 15 min

nach einer vollen Stunde vergangen sind?

1 und 2: Vormittags- und Nachmittagszeiten (volle Stunden) einstellen und ablesen
3: Minutenzeiger einstellen
AH 48 TÜ 53–54

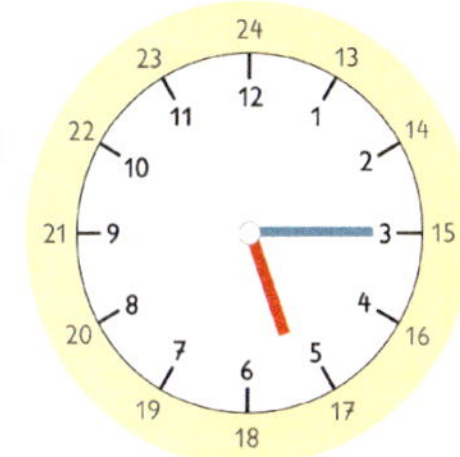

1 Wie spät ist es? Gib jeweils die Vormittagszeit und die Nachmittagszeit an.

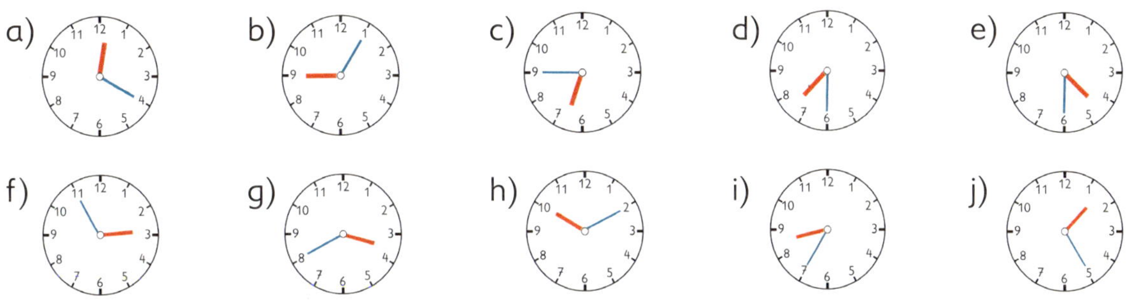

2 Stelle folgende Uhrzeiten auf deiner Lernuhr ein.

a) 12:05 Uhr, 12:10 Uhr
b) 17:15 Uhr, 17:35 Uhr
c) 9:40 Uhr, 21:25 Uhr
d) 0:05 Uhr, 16:55 Uhr
e) 13:45 Uhr, 5:20 Uhr

Kontrolliere mit deinem Nachbarn.

3 Wie viele Minuten dauern folgende Tätigkeiten ungefähr? Schätze zuerst. Überprüfe dann mit einer geeigneten Uhr.

a) Räume deine Federtasche aus und wieder ein.
b) Wische die Tafel ab.
c) Schreibe die Vornamen deiner Klassenkameraden auf.
d) Zähle von 0 bis 100.
e) Denke dir weitere Tätigkeiten aus.

4 Ergänze zur nächsten vollen Stunde.

a) 8:30 Uhr b) 7:35 Uhr c) 6:20 Uhr
d) 15:50 Uhr e) 18:15 Uhr f) 23:45 Uhr

Schreibe so:
8:30 Uhr $\xrightarrow{+\ 30\ min}$ 9:00 Uhr

1: Uhrzeiten ablesen, Vor- und Nachmittagszeiten in Fünfminutengenauigkeit angeben
2: Uhrzeiten einstellen 3: Schätzen und messen von Zeitdauern 4: Zeitspannen berechnen
AH 48 TÜ 53–54

Zeitpunkt und Zeitdauer

1. a) Wie lange hat Dr. Möller jeden Vormittag geöffnet?
   b) Wie lange dauert seine Sprechstunde am Nachmittag?
   c) Wie viele Stunden ist die Praxis am Mittwoch geöffnet?
   d) Wie viele Stunden arbeitet Dr. Möller in einer Woche in seiner Praxis?

2. Erkundige dich. Wie viele Minuten sind eine Viertelstunde, eine halbe Stunde und eine Dreiviertelstunde?

3. Was sagst du dazu?

4. Wie spät ist es? Gib die Zeiten in verschiedenen Sprechweisen an.

a) 
b) 
c) 
d) 
e) 

5. Wie lange dauert:
   a) eine Unterrichtsstunde
   b) deine Hausaufgabenzeit
   c) eine kleine Pause
   d) deine Lieblingsserie
   e) die Hofpause
   f) deine Schlafenszeit?

6. Bens Mutter ruft: „Ben, um 19:00 Uhr geht es ins Bett.“
   Er schaut zur Uhr. Es ist 18:15 Uhr. Wie viel Zeit hat Ben noch zum Spielen?

7. Ben schläft um 20:00 Uhr ein. Um 6:30 Uhr klingelt der Wecker.
   Wie lange hat er geschlafen?

1: Zeiten ablesen, Zeitdauern berechnen 2: 15 min, 30 min und 45 min als Viertelstunde, halbe Stunde und Dreiviertelstunde kennenlernen
3 und 4: Regionale Zeitangaben kennenlernen 5: Größenvorstellungen entwickeln 6 und 7: Zeitdauern in Sachsituationen berechnen
AH 50 TÜ 55

Schulfest

... das erwartet dich: Samstag 10:00 Uhr – 18:00 Uhr

10:00 Uhr – 12:00 Uhr lustige Olympiade
10:00 Uhr – 11:00 Uhr und 14:00 Uhr – 15:00 Uhr Kindertheater
11:30 Uhr – 12:30 Uhr Zaubershow „Hokuspokus“
11:00 Uhr – 12:30 Uhr und 13:30 Uhr – 15:00 Uhr Autorennen für Kinder
14:00 Uhr – 17:00 Uhr Bastelstraße
16:30 Uhr – 17:15 Uhr Verkehrsquiz
15:00 Uhr – 18:00 Uhr Kinderdisco

1
a) Wann wird das Schulfest eröffnet?
b) Welche Veranstaltungen finden nachmittags statt?
c) Wie lange kann man basteln?
d) Wie lange kann man insgesamt am Autorennen teilnehmen?
e) An welcher Veranstaltung würdest du teilnehmen?
f) Nach der Kinderdisco wird noch 1 h 30 min aufgeräumt. Um wie viel Uhr sind alle Helfer fertig?
g) Denke dir weitere Aufgaben zum Schulfest aus. Bespreche sie mit deinem Nachbarn.

2

a) An welchen Tagen finden keine Vorstellungen statt?
b) Wie lange dauert eine Vorstellung?
c) Wie viel bezahlt eine Familie mit zwei Kindern für ihre Karten?
d) Eine halbe Stunde vor Vorstellungsbeginn wird das Zelt geöffnet. Wann wäre das am Sonntag?

1 und 2: Zeitangaben in Sachsituationen erkennen, mit Größenangaben rechnen

Kann ich das schon?

(1) Schreibe zu jedem Bild die Aufgabe und die Tauschaufgabe auf.
Löse die Aufgaben.

a) 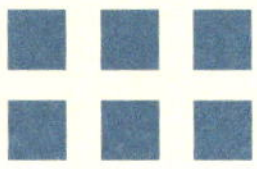 b)  c)  d) 

(2)

a)	b)	c)
9 · 2	2 · 5	15 = ☐ · 5
6 · 5	10 · 3	16 = ☐ · 8
2 · 7	1 · 8	12 = ☐ · 2
5 · 0	9 · 5	2 = ☐ · 2
10 · 7	5 · 4	50 = ☐ · 5

(3)

·	2	1	5	10
3				
6				
8				
9				

(4) Berechne die fehlenden Zahlen.

Zahl	5	3		8	0		50		20	
das Doppelte			20			4		12		2

5

Meine Zahl liegt zwischen den Zahlen 20 und 30.
Sie gehört zur Malfolge der 5.

Meine Zahl ist das Siebenfache von 5.

(6) Ben hilft seiner Sportgruppe. Er stellt 7 Paar Turnschuhe in das Regal.
Wie viele Turnschuhe hat er abgestellt?

7 a) Wie viele Fünfersprünge sind es von der 25 bis zur 45?
b) Wenn du bei der 15 startest und 5 Fünfersprünge machst, bei welcher Zahl kommst du an?

(8) Falte und zeichne wie in den Abbildungen. Schneide die Figuren aus.
Zeichne die Symmetrieachsen ein.

9 Schreibe zu jedem Bild die passende Aufgabenfamilie auf.

5 · 4   ☐ : 4
4 · 5   ☐ : 5

a) 

b) 

c) 

d) 

e) 

10 Setze das richtige Zeichen: < = >.

a) 20 : 2 ◯ 9
10 · 4 ◯ 35
50 : 10 ◯ 5
18 : 2 ◯ 10

b) 18 : 3 ◯ 10
7 · 2 ◯ 15
90 : 10 ◯ 5
0 : 5 ◯ 0

c) 13 ◯ 6 · 2
16 ◯ 2 · 8
35 ◯ 6 · 5
0 ◯ 2 · 0

11 Berechne die fehlenden Geldbeträge.

Betrag	10 €	8 €	18 €		20 €		2 €		40 €
die Hälfte	5 €			7 €		40 €		15 €	

12 Zeichne Kreise mit dem Mittelpunkt M und dem Durchmesser d.
d = 8 cm, d = 5 cm, d= 60 mm, d = 45 mm, d = 3 cm 5 mm

13 a) Zeichne einen Kreis mit dem Mittelpunkt M und dem Radius r = 3 cm.

b) Zeichne um den gleichen Mittelpunkt M einen anderen Kreis mit einem Radius, der doppelt so groß ist wie der Radius des ersten Kreises.

14 Berechne die Produkte aus:
a) 3 und 5 b) 7 und 10 c) 2 und 8 d) 10 und 10 e) 5 und 0

15 Berechne die Quotienten.
a) 25 : 5 b) 70 : 10 c) 18 : 2 d) 30 : 10 e) 15 : 5

16 Bilde Aufgabenfamilien.

a) 5 9 45   b) 18 9 2   c) 80 10 ?

Multiplizieren mit 4

① Wie viele Winterräder werden zum Wechseln für diese 3 Autos gebraucht?
Schreibe auf. Rechne. 4 + ☐ + ☐ = ☐
☐ · ☐ = ☐

② Vierersprünge am Zahlenstrahl

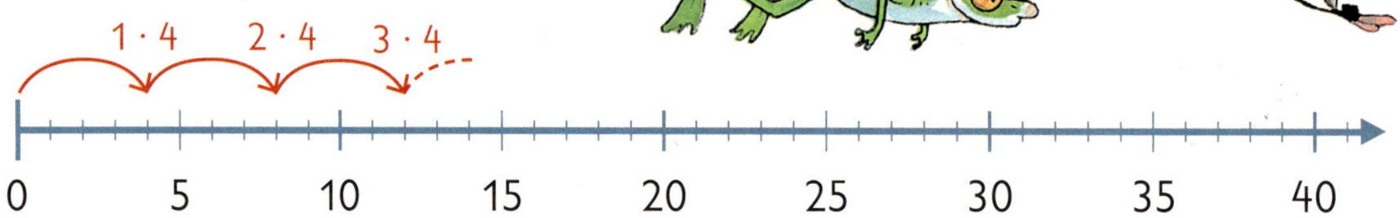

Wie viele Sprünge sind es bis zur 16, 20, 24, 28, 32, 36, 40?

③ Malfolge der 4

0 · 4 = 0	
1 · 4 = 4	+ 4
2 · 4 = 8	+ 4
3 · 4 = ☐	+ 4
4 · 4 = ☐	+ 4
5 · 4 = ☐	
6 · 4 = ☐	
7 · 4 = ☐	
8 · 4 = ☐	
9 · 4 = ☐	
10 · 4 = 40	

a) Schreibe die Malfolge in dein Heft.
Einige Lösungen kennst du schon.

Denke an die Tauschaufgaben.
4 · 2 = 8 und 2 · 4 = 8

b) Weitere Lösungen findest du durch Verdoppeln, Addieren oder Subtrahieren der Kernaufgaben oder du beginnst bei 0 · 4 = 0 und addierst immer 4.

c) Lerne die Malfolge auswendig.

④ Der Werkstattmeister hat eine Tabelle für das Räderwechseln vorbereitet.
Übertrage die Tabelle in dein Heft und vervollständige sie.

Autos	2	4	5	7	8	10
Räder						

1: Additions- und Multiplikationsaufgabe finden und lösen 2: Anzahl der Sprünge nennen
3: Malfolge vervollständigen 4: Tabelle ergänzen
AH ▸ 51 TÜ ▸ 56

1 Wie viele Quadrate kann jedes Kind legen?

Maria

20 : 4 = 5, denn 5 · 4 = 20

Max

12 : 4 = 3, denn 3 · 4 = 12

2 Lege Quadrate aus 4 Stäbchen und rechne.
Prüfe immer mit der Umkehraufgabe.
Wie viele Quadrate kannst du legen:

a) aus 8 Stäbchen
8 : 4 = 2, denn 2 · 4 = 8

b) aus 16 Stäbchen
16 : 4 = 4, denn 4 · 4 = 16

c) aus 24 Stäbchen d) aus 32 Stäbchen e) aus 28 Stäbchen?

3 Finde Aufgaben mit : und löse sie.
Überprüfe das Ergebnis mit der Umkehraufgabe.

24	4	6	7	4	12	4	3	2	32	4
36	28	4	7	2	5	16	4	4	4	8
4	9	13	20	4	5	42	4	0	1	15

Rechne und schreibe so:
24 : 4 = 6
6 · 4 = 24

4 Max hat eine Tüte mit 20 Gummibärchen. Er will sie so verteilen, dass er und seine 3 Freunde die gleiche Anzahl an Bärchen erhalten. Wie viele Bärchen bekommt jedes Kind?

5 Der Gärtner will 32 Säcke mit Blumenerde wegfahren. Er legt immer 4 Säcke auf seine Sackkarre. Wie oft muss er fahren?

1 und 2: Division verstehen, Multiplikation als Umkehroperation erfassen und anwenden
3: Divisionsaufgaben finden und lösen, mit der Umkehraufgabe kontrollieren 4 und 5: Inhalt erfassen, Aufgabe finden und lösen
AH 51 TÜ 56

Multiplizieren mit 8

① Wie viele Ruderer nehmen an dem Wettkampf teil?
Schreibe auf. Rechne. 8 + ☐ + ☐ + ☐ + ☐ = ☐
☐ · 8 = ☐

② Achtersprünge am Zahlenstrahl

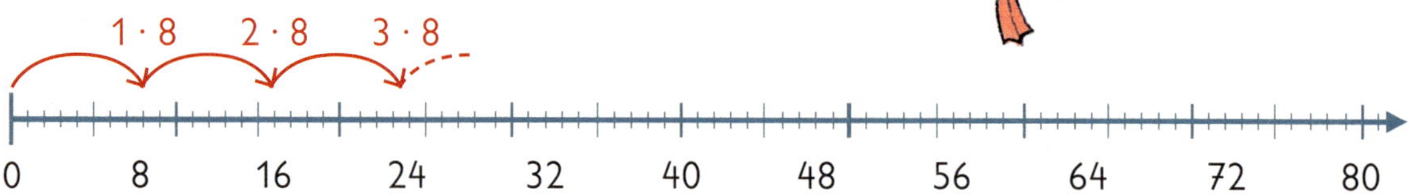

Wie viele Sprünge sind es bis zur 32, 48, 56, 72, 80?

③ Malfolge der 8

0 · 8 = 0	
1 · 8 = 8	+ 8
2 · 8 = 16	+ 8
3 · 8 = ☐	+ 8
4 · 8 = ☐	+ 8
5 · 8 = ☐	
6 · 8 = ☐	
7 · 8 = ☐	
8 · 8 = ☐	
9 · 8 = ☐	
10 · 8 = 80	

a) Schreibe die Malfolge in dein Heft.

Einige Lösungen findest du in den Malfolgen der 2 und 4, wenn du Tauschaufgaben bildest.

b) Weitere Lösungen kannst du durch Verdoppeln, Addieren oder Subtrahieren der Kernaufgaben errechnen. Oder: Du beginnst bei 0 · 8 = 0 und addierst immer 8.

c) Lerne die Malfolge auswendig.

4 Beim Wettkampf der Achter-Boote starten 3 Boote aus Rostock, 2 Boote aus Leipzig und 4 Boote aus Hamburg.
Wie viele Ruderer sind aus jeder Stadt am Start?

1: Additions- und Multiplikationsaufgabe finden 2: Anzahl der Sprünge nennen
3: Malfolge vervollständigen und lernen 4: Inhalt erfassen, Aufgabe finden und lösen
AH 52 TÜ 57

(1) Wie viele Murmeln erhält jedes Kind?
Rechne so: 48 : 8 = ☐, denn ☐ · 8 = 48

(2) Verteile gerecht an 8 Kinder.
Schreibe die Aufgabe auf und löse sie.
Überprüfe das Ergebnis mit der Umkehraufgabe.

a) 24 Murmeln
b) 32 Spielkarten
c) 56 Gummibärchen
d) 40 Sticker
e) 64 Stäbchen
f) 16 Luftballons

(3) Bilde Aufgabenfamilien.

5 8 40

5 · 8 = ☐   ☐ : 5 = ☐
8 · 5 = ☐   ☐ : 8 = ☐

a) 4 8 32
b) 16 8 2
c) 80 10 8
d) 8 1 8

(4) In Annas Klasse sind 24 Kinder. Immer 8 Kinder sollen an einem Tisch sitzen. Wie viele Tische werden benötigt?

(5) Ben und Lisa sammeln Tierbilder. Ben hat in seinem Album 2 Reihen mit je 8 Bildern. Lisa hat 4 Reihen mit je 4 Bildern. Wer hat mehr Bilder?

2 · 8	2 · 4	24 : 4	2 · 5	30 : 5	18 : 2
5 · 8	5 · 4	36 : 4	5 · 5	45 : 5	14 : 2
10 · 8	10 · 4	16 : 4	10 · 5	15 : 5	10 : 2

1: Division als Umkehrung der Multiplikation anwenden 2: Dividieren durch 8 – Aufgabe finden und lösen, mit der Umkehraufgabe prüfen
3: Aufgabenfamilien bilden 4 und 5: Inhalt erfassen, Aufgabe finden und lösen
AH 52 TÜ 57

(1) Wie viele Flügel werden benötigt für a) 5 Windräder
b) 2 Windräder
c) 7 Windräder
d) 10 Windräder?

Schreibe auf. Rechne so:
3 + ___ + ___ + ___ + ___ = ___
___ · 3 = ___

(2) Malfolge der 3

0	·	3	=	0
1	·	3	=	3
2	·	3	=	6
3	·	3	=	
4	·	3	=	
5	·	3	=	15
6	·	3	=	
7	·	3	=	
8	·	3	=	
9	·	3	=	
10	·	3	=	30

a) Schreibe die Malfolge in dein Heft. Ergänze die fehlenden Lösungen.

Einige Lösungen findest du in den Malfolgen der 2, 4, 5 und 10, wenn du Tauschaufgaben bildest.

b) Weitere Lösungen kannst du durch Verdoppeln, Addieren oder Subtrahieren der Kernaufgaben errechnen. Oder: Du beginnst bei 0 · 3 = 0 und addierst immer 3.

c) Lerne die Malfolge auswendig.

[3] Erfinde zu jedem Bild eine Aufgabe mit · und löse sie.

a)

b)

c)

1: Additions- und Multiplikationsaufgaben finden und lösen 2: Malfolge vervollständigen und lernen
3: Zu jedem Bild die Multiplikationsaufgabe finden und lösen
AH 53 TÜ 58

① Tom verteilt 18 Spielkarten. Wie viele Karten erhält jedes Kind?

Rechne so: 18 : 3 = ___, denn ___ · 3 = 18

② Verteile die Karten an 3 Kinder:

a) 6 Karten b) 12 Karten c) 21 Karten
d) 24 Karten e) 30 Karten f) 15 Karten

Wie viele Karten erhält jedes Kind?

③ Überprüfe durch Legen und Rechnen.

a) Stimmt es, dass Anna mit 27 Stäbchen 9 einzelne Dreiecke legen kann?
b) Kann Ben mit 15 Stäbchen 5 einzelne Dreiecke legen?

4 Bilde Aufgabenfamilien.

a) 8 3 24 b) 36 9 4 c) 3 15 5 d) 27 9 3

e) 4 ? 12 f) ? 6 3 g) 30 10 ? h) 36 6 ?

5 a) Anna hat 24 Euro gespart.
Wie viele CDs könnte sie dafür kaufen?

b) Max hat 12 Euro gespart.
Er behauptet, dass er sich dafür nur halb so viele CDs wie Anna kaufen kann.
Stimmt das?

⑥ Lisa hat 3 Geldscheine zu je 10 Euro. Tom hat 6 Geldscheine zu je 5 Euro. Wer hat mehr Geld?

⑦ Tom hat 3 Münzen zu je 2 Euro. Maria hat 5 Münzen zu je 1 Euro. Stimmt es, dass Maria weniger Geld hat als Tom?

7 · 3	4 · 5	45 : 5	3 · 5 ct	18 ct : 2
1 · 3	9 · 5	18 : 2	8 · 2 ct	25 ct : 5
9 · 3	7 · 5	40 : 10	7 · 10 ct	60 ct : 2

1 und 2: Division als Umkehrung der Multiplikation verstehen und anwenden 3: Dreiecke legen – Aufgabe und Umkehraufgabe finden
5 bis 7: Inhalt erfassen, Aufgabe finden und lösen

AH 53 TÜ 58

(1) Wie viele Beine haben die 7 Marienkäfer zusammen?

Schreibe auf. Rechne so: 6 + ☐ + ☐ + ☐ + ☐ + ☐ + ☐ = ☐
☐ · 6 = ☐

(2) Schreibe zu jedem Bild die passende Aufgabe mit · und löse sie.

a) 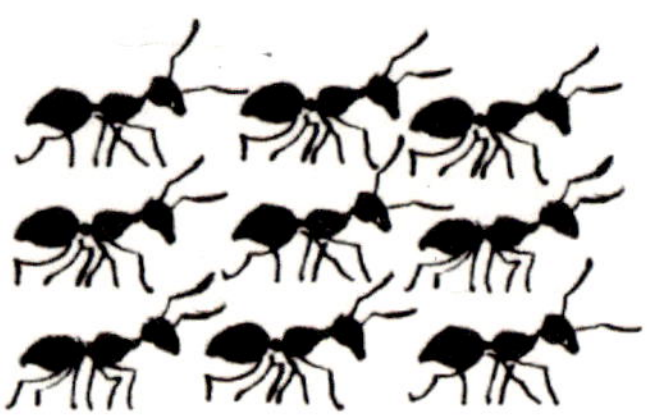

Wie viele Beine haben die Ameisen insgesamt?

b) 

Wie viele Dosen siehst du?

c) 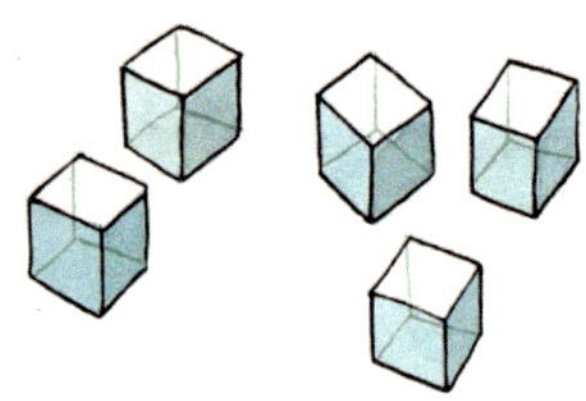

Wie viele Flächen haben alle Würfel zusammen?

(3) Malfolge der 6

0	· 6	=	0
1	· 6	=	6
2	· 6	=	12
3	· 6	=	☐
4	· 6	=	☐
5	· 6	=	30
6	· 6	=	☐
7	· 6	=	☐
8	· 6	=	☐
9	· 6	=	☐
10	· 6	=	60

a) Schreibe die Malfolge in dein Heft. Ergänze die fehlenden Lösungen.

Nutze die Lösungen der Malfolgen 2 und 3. Rechne mit den Kernaufgaben. Oder: Addiere immer 6. Beginne bei 0 · 6 = 0.

b) Lerne die Malfolge auswendig.

(4)
a) 24 = ☐ · 6
42 = ☐ · 6
54 = ☐ · 6

b) 6 · 5 ct = ☐ ct
6 · 8 ct = ☐ ct
6 · 10 ct = ☐ ct

1: Additions- und Multiplikationsaufgabe finden 2: Aufgaben zuordnen und lösen
3: Malfolge vervollständigen und lernen 4: Platzhalter bestimmen
AH 54 TÜ 59

(1) Wie viele Sechsecke können die Kinder mit 24 Dreiecken legen?

Rechne so: 24 : 6 = 4, denn 4 · 6 = 24

(2) Wie viele Sechsecke kannst du mit

a) 12 b) 18 c) 30 d) 48 Dreiecken legen?

Überprüfe jedes Ergebnis mit der Umkehraufgabe.

(3) Bilde Aufgabenfamilien.

9 6 54

9 · 6 = ☐ ☐ : 9 = ☐
6 · 9 = ☐ ☐ : 6 = ☐

a) 5 6 30
b) 18 6 3
c) 48 8 6
d) 10 60 6

(4) Setze das richtige Zeichen: < = >.

a)		b)		c)	
36 : 6	◯ 5	42 : 6	◯ 6 · 6	36 : 6	◯ 20 : 4
30 : 3	◯ 10	24 : 4	◯ 2 · 6	54 : 6	◯ 27 : 3
18 : 6	◯ 4	48 : 6	◯ 1 · 6	25 : 5	◯ 30 : 6

[5] Welche Zahlen gehören zu den Malfolgen der 3 und der 6?

15 30 12 18 21 54 36 27 9 24

(6) Bauer Senfkorn legt immer 6 Eier in eine Packung.
Wie viele Packungen braucht er für 42 Eier?

Multiplizieren mit 9

1 Wie viele Kegel sind insgesamt aufgestellt? Schreibe auf. Rechne.

9 + ___ + ___ = ___

___ · 9 = ___

2 Rechne vorteilhaft. Nutze die Malfolge der 10.

2 · 9 = ___

2 · 10 − 2 · 1 = ___

5 · 9 = ___

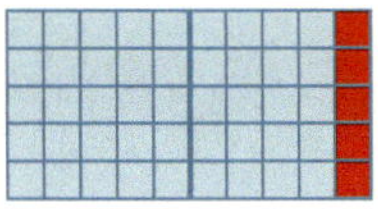

5 · 10 − 5 · 1 = ___

7 · 9 = ___
7 · 10 − 7 · 1 = ___

8 · 9 = ___
8 · 10 − 8 · 1 = ___

9 · 9 = ___
9 · 10 − 9 · 1 = ___

3 Malfolge der 9

0	·	9	=	0
1	·	9	=	9
2	·	9	=	18
3	·	9	=	___
4	·	9	=	___
5	·	9	=	45
6	·	9	=	___
7	·	9	=	___
8	·	9	=	___
9	·	9	=	___
10	·	9	=	90

a) Schreibe die Malfolge in dein Heft. Ergänze die fehlenden Lösungen.
b) Lerne die Malfolge auswendig.

4 In Schönau wurden 45 Reihenhäuser gebaut. In einer Reihe stehen 9 Häuser. Wie viele Häuserreihen gibt es?

5

72 = ___ · 9   63 = ___ · 9
27 = ___ · 9   36 = ___ · 9
81 – ___ · 9   18 = ___ · 9

6 An der Malfolge mit 9 kannst du viel entdecken.
a) Schreibe alle Ergebnisse der Folge untereinander.
b) Vergleiche alle Zehner und dann alle Einer miteinander.
c) Addiere immer Zehner und Einer der Ergebnisse.

1: Aufgaben finden 2: Rechenvorteil erkennen 3: Malfolge vervollständigen
4: Inhalt erfassen, Aufgabe finden und lösen 5: Platzhalter bestimmen 6: Über die Ergebnisse sprechen
AH 55 TÜ 60

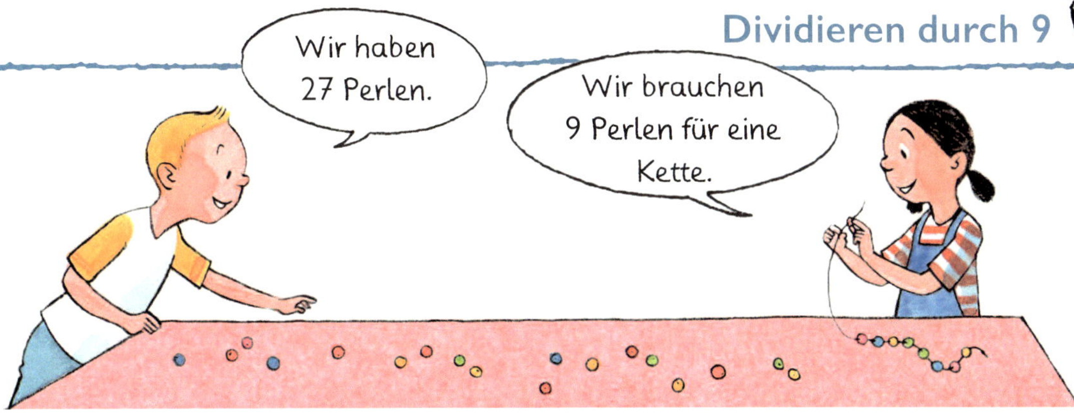

① Wie viele Ketten können die Kinder anfertigen?

Rechne so: 27 : 9 = ☐, denn ☐ · 9 = 27

② Wie viele Ketten mit jeweils 9 Perlen könntest du anfertigen?
Vervollständige dazu die Tabelle.

Anzahl der Perlen	18	36	45	54	63	72
Anzahl der Ketten						

③ Rechne.

a) 72 : 9 = ☐, denn ☐ · 9 = 72
90 : 9 = ☐, denn ☐ · 9 = 90
36 : 9 = ☐, denn ☐ · 9 = 36

b) 63 : 9 = ☐, denn ☐ · 9 = 63
9 : 9 = ☐, denn ☐ · 9 = 9
45 : 9 = ☐, denn ☐ · 9 = 45

4 Finde Gleichungen mit : und schreibe sie auf.

3	5	27	3	6	36	9	4
13	18	2	9	45	5	9	81
36	9	4	15	18	4	9	9

36 : 9 = 4

⑤ a)

·	2	4	7	8	9
9					
3					

b)

:	3	9	1
27			
18			

6 Welche Zahlen sind es?

Meine Zahl ist durch 6 und durch 9 teilbar. Sie liegt zwischen 30 und 40.

Meine Zahl ist das Neunfache von 7.

Addiere das Dreifache von 9 und das Doppelte von 8, das Ergebnis ist meine Zahl.

Multiplizieren mit 7

① Ben spielt gerne Handball. Er war 3 Wochen im Trainingslager.
Wie viele Tage war er von zu Hause weg?

Schreibe auf. Rechne so: 7 Tage + ☐ Tage + ☐ Tage = ☐ Tage
☐ · 7 Tage = ☐ Tage

② Malfolge der 7

0	·	7	=	0
1	·	7	=	7
2	·	7	=	14
3	·	7	=	☐
4	·	7	=	☐
5	·	7	=	35
6	·	7	=	☐
7	·	7	=	☐
8	·	7	=	☐
9	·	7	=	☐
10	·	7	=	70

a) Schreibe die Malfolge in dein Heft.
Ergänze die fehlenden Lösungen.

Nur eine Lösung ist neu.
Alle anderen Lösungen kennst du schon von den anderen Malfolgen.
Denk an die Tauschaufgaben.

b) Lerne die Malfolge auswendig.

③ a) 4 · 7
8 · 7
3 · 7

b) 7 · 6
7 · 5
7 · 0

4 a) 28 = ☐ · 7
49 = ☐ · 7
0 = ☐ · 7

b) 42 = ☐ · 7
63 = ☐ · 7
7 = ☐ · 7

⑤ Übertrage die Tabelle in dein Heft. Vervollständige sie.

Wochen	4		6		7	8		3		9
Tage		7		35			70		14	

1: Platzhalter belegen, Anzahl der Tage berechnen 2: Malfolge vervollständigen
3 und 4: Multiplizieren/Platzhalter belegen 5: Tabelle vervollständigen
AH 56 TÜ 61

1 a) Wie viele Äpfel bekommt jeder Zwerg?
Rechne so: 21 : 7 = ☐, denn ☐ · 7 = 21

b) Schneewittchen verteilt 14 Brötchen, 35 Kekse und 7 Flaschen Saft.
Wie viel bekommt jeder Zwerg davon?

2 Schneewittchen wohnte 42 Tage bei den 7 Zwergen.
Wie viele Wochen waren das?

3 Wie viele Wochen sind es?
a) 28 Tage b) 49 Tage c) 56 Tage d) 63 Tage e) 70 Tage

4
a)	b)
14 : 7	49 : 7
7 : 7	0 : 7
7 : 1	70 : 7
21 : 7	28 : 7

5 Setze das richtige Zeichen: < = >.

a)		b)	
36 : 6	20 : 4	8 · 2	3 · 7
54 : 6	27 : 3	10 · 7	7 · 10
25 : 5	30 : 6	7 · 7	8 · 6

6

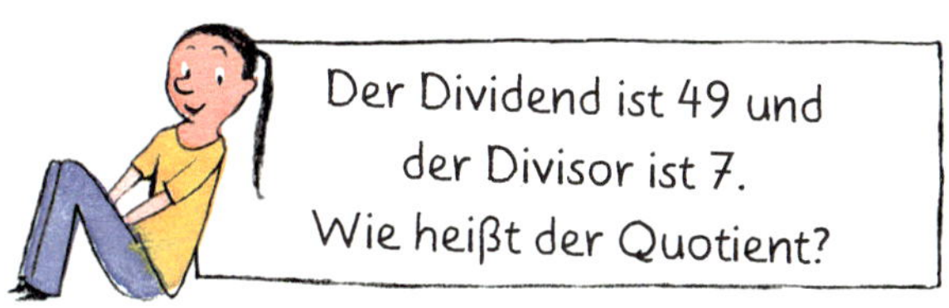

7 Im Märchenland nehmen 28 Zwerge am Waldsportfest teil.
Sie teilen sich in Gruppen mit je 7 Zwergen auf. Wie viele Gruppen bilden sie?

3 · 7	☐ · 7 = 14	49 = 7 · ☐	3 · 5	25 : 5
9 · 7	☐ · 7 = 63	28 = 7 · ☐	6 · 8	36 : 6

1: Platzhalter belegen, Dividieren 2, 6 und 7: Inhalt erfassen, Aufgabe finden und lösen
3 und 4: Dividieren 5: Produkte/Quotienten vergleichen und Relationszeichen setzen
AH 56 TÜ 61

1

a)	b)	c)	d)	e)	f)
2 · 8	7 · 3	5 · 4	6 · 4	8 · 3	3 · 9
7 · 2	3 · 6	4 · 8	6 · 5	5 · 8	7 · 9
2 · 5	5 · 3	7 · 4	9 · 6	8 · 6	9 · 2
6 · 2	3 · 8	4 · 6	6 · 3	8 · 4	4 · 9
2 · 9	10 · 3	9 · 4	10 · 6	8 · 2	10 · 9

2

3

Welche Zahlen aus der Malfolge der 3 liegen zwischen den Zahlen 11 und 22?

Welche Zahlen aus der Malfolge der 5 liegen zwischen den Zahlen 19 und 40?

4 Die Werkstatt tauscht die Winterreifen gegen Sommerreifen aus.
Für wie viele Autos reichen 20 Reifen?

5 Im Fahrradverleih werden an 9 Rädern beide Reifen gewechselt.
Wie viele Reifen werden benötigt?

6 An 8 Dreirädern werden alle Räder erneuert.
Die Werkstatt hat noch 22 Räder am Lager.
Reichen sie für alle Dreiräder?

(1) a) 3 · 5
5 · 6
7 · 5
9 · 5
5 · 5

b) 4 · 7
7 · 6
9 · 7
7 · 3
7 · 7

c) 4 · 10
10 · 1
7 · 10
10 · 6
10 · 10

(2) a)

b)

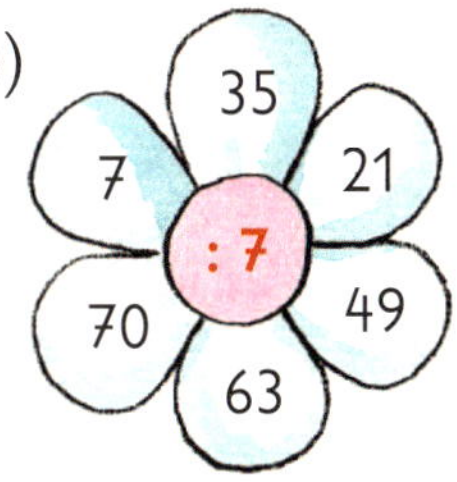

(3) Bilde zu jedem Bild eine Aufgabe mit · und eine mit : .

a)

b)

(4) Bilde Aufgabenfamilien.

a) 9 7 63

b) 48 8 6

c) 9 ? 45

(5)

·	3	5	6	9	10	4
4						
7						

(6)

·		4		5		7
8	24		48		80	
5						

(7) Im Aufzug eines Aussichtsturms haben immer 8 Personen Platz.
Eine Gruppe mit 64 Kindern möchte auf den Aussichtsturm.
Wie oft muss der Aufzug fahren?

(8) Welche Zahlen stehen auf der Rückseite der Tafel?

Tafel	Rückseite der Tafel
A	Das Produkt aus 10 und 1
B	Die Hälfte der Zahl von Tafel A
C	Das Dreifache der Zahl von Tafel B

(9) Entdecke Aufgaben mit · und Aufgaben mit : in deiner Umgebung.

Um zu entscheiden, wer den ersten Ball schlagen darf, wirft der Schiedsrichter eine Münze. Die Sportler müssen zwischen Wappen und Zahl wählen.

1. Wer von den beiden Sportlern hat Recht?

2. Wirf abwechselnd mit deinem Nachbarn eine 20-Cent-Münze 50-mal. Fertigt eine Tabelle an. Kreuze für jeden Wurf an, ob Zahl oder Wappen oben liegt.
   a) Wie oft lag das Wappen oben?
   Wie oft lag die Zahl oben?
   b) Wie würde sich die Häufigkeit von Wappen und Zahl verändern, wenn du 100-mal die Münze wirfst?
   Was vermutest du?

Wurf	Wappen	Zahl
1	X	
2		X
.		
.		
.		
50		

3. In der Zauberkiste sind drei gleich große Kugeln: eine gelbe, eine grüne und eine rote. Anna nimmt eine Kugel heraus und notiert sich die Farbe. Dann legt sie die Kugel wieder zurück und schüttelt die Kiste. Danach entnimmt sie wieder eine Kugel und schreibt die Farbe auf. Das macht sie 30-mal.
   a) Was vermutest du: Hat sie die rote, die gelbe oder die grüne Kugel am häufigsten herausgenommen?
   b) Versuche es selbst einmal. Was stellst du fest?

1: Vermutungen äußern lassen 2: Versuch durchführen und Ergebnisse in der Klasse interpretieren lassen
3: Erst Vermutungen äußern lassen, Versuch durchführen und in Bezug zur Vermutung erörtern

① Auf dem Tisch liegen zwei rote und ein gelber Würfel.
Die Würfel sind gleich groß.
Ben soll mit verbundenen Augen einen roten Würfel wegnehmen.

Was sagst du dazu?

② Entscheide: möglich, sicher oder unmöglich?

- ○ Igel schlafen den ganzen Winter durch.
- ○ Amseln brüten im Januar ihre Eier aus.
- ○ Am 24. Dezember ist Heiligabend.
- ○ Ein Rechteck hat vier rechte Winkel.
- ○ Zwei Geraden können sich in zwei Punkten schneiden.
- ○ Wenn du mit einem Würfel 6-mal würfelst, dann werden 6 Punkte nur einmal geworfen.
- ○ Die Summe aus zwei ungeraden Zahlen ist eine gerade Zahl.

- ○ Im Januar schneit es.
- ○ Ein Tag hat 24 Stunden.
- ○ Im März blühen die Tulpen.

3 Erfinde je ein Ereignis, das sicher, unmöglich oder möglich ist.
Schreibe es in dein Heft.

1 und 2: Entscheidungen begründen

Kombinieren

(1) Tom will 4 T-Shirts und 2 Hosen für den Urlaub einpacken. Anna möchte 3 T-Shirts und 3 Hosen mitnehmen. Wer von den Kindern hat mehr Möglichkeiten, sich anders anzuziehen? Fertige eine Skizze oder Tabelle an. Schreibe die passenden Aufgaben auf und löse sie.

(2) Bilde möglichst viele sinnvolle Wörter und schreibe sie in dein Heft.

H L M
aus
s r

L G M
ast
H f R

Wie Zie Lie Flie
ge se gel
Do Na Ho Ha

(3) Übertrage die Kreise in dein Heft.
Trage die Zahlen von 1 bis 6 in die kleinen Kreise so ein, dass die Summe der Zahlen der beiden großen Kreise gleich ist.

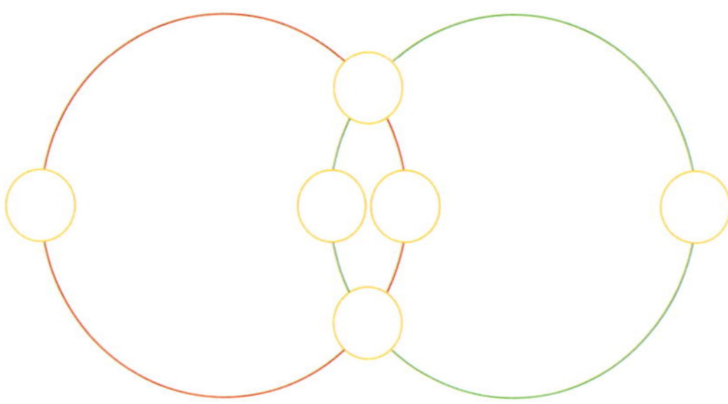

(4) Beim Federballturnier spielen Ben, Max und Tom gegen Lisa, Anna, Maria und Nina. Jeder Junge spielt gegen jedes Mädchen. Wie viele Spiele werden durchgeführt? Lege eine Tabelle an. Schreibe die Aufgabe auf und löse sie.

Spiel	Spieler
1	Ben und Lisa
2	Ben und …
3	… und …
4	… und …
…	…

1: Kombinationsmöglichkeiten in einer Skizze oder Tabelle darstellen, Aufgabe finden und lösen 2: Alle möglichen Wörter bilden
3: Mehrere Möglichkeiten diskutieren 4: Tabelle erstellen, Aufgabe finden und lösen

AH 59–60 TÜ 62

1 Tom hat Lisa, Anna, Ben, Max und Maria eingeladen.
Schreibe Tischkarten mit den Namen der Kinder und stelle sie im Kreis auf.
Tom möchte zwischen Lisa und Ben sitzen.
Ben soll rechts von Tom sitzen.
Anna soll Tom genau gegenüber sitzen und Maria rechts von Anna. Wo sitzt Max?

2 Die Biene muss nur durch 20 Waben, um zum Ausgang zu kommen.
Findest du den Weg?

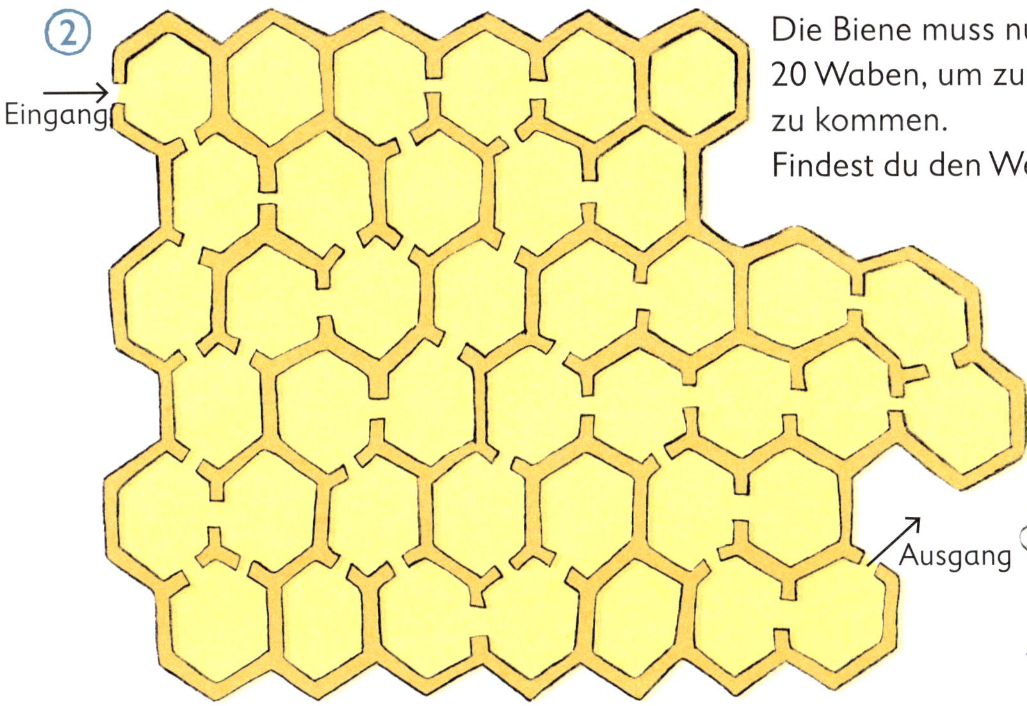

3 Finde Zahlenpaare mit der Summe 8.

Schreibe so: 7 + 1 = 8

3	4	5	1	6	2
5	2	3	7	4	4
6	7	1	4	3	5
0	8	2	4	2	0

4 Lege mit 9 Stäbchen:

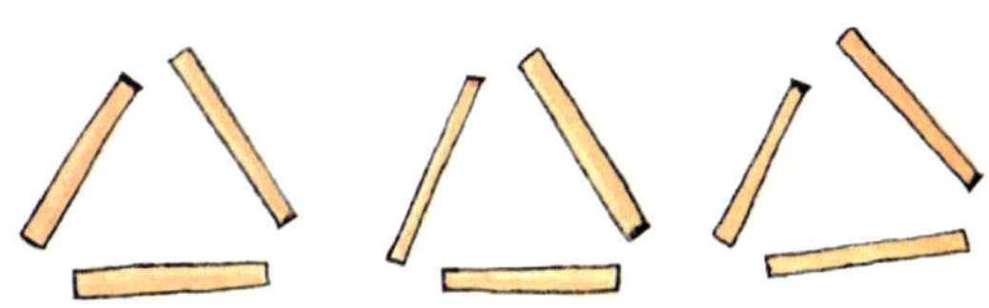

Wenn du zwei Stäbchen umlegst, erhältst du vier gleich große Dreiecke.

① a) Nehmen mehr Mädchen oder mehr Jungen an den Wettkämpfen teil?
b) Wie viele Kinder nehmen insgesamt teil?
c) Welcher Wettkampf hat die wenigsten Teilnehmer?

Teilnehmer an den Wettkämpfen

	Jungen	Mädchen
Federball	𝍸 𝍸	𝍸 𝍸 𝍷𝍷
Weitwurf	𝍸 𝍷𝍷	𝍸
Weitsprung	𝍸	𝍸
Hochsprung	𝍸	𝍸 𝍷𝍷

2 Max und Anna werfen je 10 Pfeile.

	Treffer	
Punkte	Max	Anna
10	𝍷𝍷	𝍷𝍷𝍷
8	𝍷𝍷𝍷	𝍷𝍷𝍷𝍷
6	𝍷𝍷	𝍷
4	𝍷𝍷	—
2	—	—

a) Wer hat die meisten Fehlwürfe?
b) Wie viele Punkte hat jedes Kind erreicht?
c) Wer die meisten Punkte hat, ist Sieger. Wer ist es?

③ a) Welche Klasse hat die meisten 1. Plätze bei den Wettkämpfen belegt? Ein Kästchen bedeutet 1 Kind.
b) Stimmt es, dass die Klassen 2a und 2d gleich viele 1. Plätze belegt haben?
c) Wie viele Kinder haben insgesamt einen 1. Platz belegt?

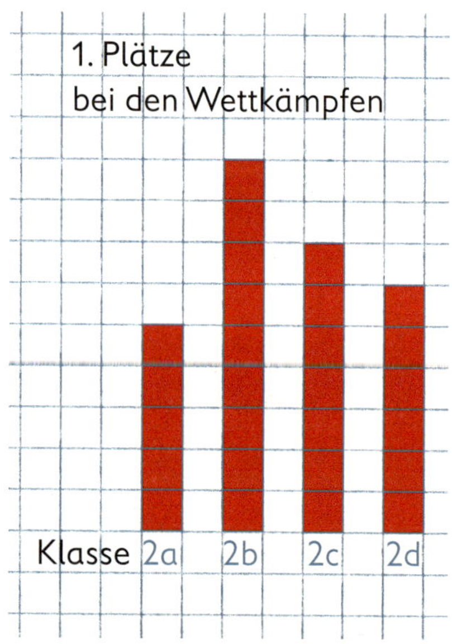

1 bis 3: Inhalt der Darstellungen erfassen, Daten den Darstellungen entnehmen, rechnen/vergleichen, antworten

AH ▶ 61–62 TÜ ▶ 63

① Maria hat die Kinder der 2. Klasse nach ihrem Lieblingseis befragt. Dazu hat sie ein Poster angefertigt.

a) Frage die Kinder deiner Klasse nach ihrem Lieblingseis. Fertige dazu eine Strichliste an.

b) Zeichne zur Strichliste ein Streifendiagramm. 1 Kästchen soll ein Kind bedeuten.

c) Sprich zu den Ergebnissen deiner Befragung vor der Klasse.

② Trage in einer Strichliste zusammen, wie viel Minuten jedes Kind deiner Klasse von zuhause bis zur Schule benötigt.

Zeit	bis 5 min	zwischen 5 min und 10 min	mehr als 10 min
Anzahl der Kinder			

a) Zeichne zu der Strichliste ein Streifendiagramm. 1 Kästchen soll ein Kind bedeuten.

b) Wie viele Kinder brauchen mehr als 10 min bis zur Schule?

③ Würfle mit deinem Nachbarn. Jeder darf mit einem Würfel 25-mal würfeln.

a) Notiere in einer Strichliste, wie oft die jeweilige Augenzahl gewürfelt wurde.

b) Fertige ein Streifendiagramm an. Benutze zwei verschiedene Farben.

c) Erkläre, was du aus der Strichliste und dem Säulendiagramm ablesen kannst.

Augenzahl	Spieler 1	Spieler 2
⚀		
⚁		
⚂		
⚃		
⚄		
⚅		

Zum Poster sprechen lassen – Inhalt erfassen und interpretieren 1 und 2: Strichlisten erstellen und dazu die Säulendiagramme zeichnen, die Strichlisten und die Diagramme erörtern lassen 3: Strichliste erstellen, Säulendiagramm zeichnen

AH ▶ 61–62 TÜ ▶ 63

1

1 Woche = 7 Tage

Eine lustige Woche

Guten Tag, Herr Montag!
Wie geht es Frau Dienstag?
Ist Herr Mittwoch zu Haus?
Sagen Sie der Frau Donnerstag:
Der Herr Freitag
geht mit Frau Samstag
am Sonntag aus.

Unbekannter Verfasser

a) Nenne die Wochentage.
b) Welche Tage im Juli sind Montage und welche Tage sind Freitage?
c) Max hat am 18. Juni Geburtstag. Nenne den Wochentag.

2 Ergänze im Heft.

Wochen	1	2		5	7	
Tage	7		28			63

3 Familie Müller fährt für 21 Tage in den Urlaub. Wie viele Wochen fahren sie weg?

4 Vervollständige die Sätze in deinem Heft.

Heute ist …
Gestern war …
Vorgestern war …
Morgen ist …
Übermorgen ist …
In einer Woche ist wieder …

5 Schreibe in dein Heft, was du in der vergangenen Woche unternommen hast.

Das habe ich gemacht:
Am Montag …
Am Dienstag …
Am …
Am …
…

1: Tage der Woche kennen lernen, in richtiger Reihenfolge benennen, Kalender lesen 2: Tage in Wochen umrechnen
3: Inhalt erfassen, Aufgabe finden und lösen, im Satz antworten 4 und 5: Sätze vervollständigen
AH 63 TÜ 64

1 Jahr = 12 Monate

1 Ordne die Monate eines Jahres.
Schreibe so: *1. Monat: Januar*
2. Monat:

2 Ordne die Monate den Jahreszeiten zu.
Die Farben helfen dir dabei:
Frühling, Sommer, Herbst und Winter.

3 Lisa hat die Geburtstage ihrer Freunde aufgeschrieben:

Maria	Anna	Ben	Tom	Max	Nina
3.5.	12.5.	12.4.	17.11.	18.6.	9.10.

Schreibe für jedes Kind das Datum mit dem Namen des Monats auf.

Schreibe so: Maria: 3. Mai.

4 Schreibe das Datum, ohne den Monatsnamen zu nennen.
a) 16. Februar 2009 b) 2. August 2010 c) 25. November 2011

5 Welcher Wochentag ist es? Schau im Kalender nach.
a) 12. Januar b) 14. Mai c) 22. September d) Neujahr e) Heiligabend
f) Muttertag g) Silvester h) Frühlingsanfang i) Herbstanfang

1: Monate ordnen 2: Monate den Jahreszeiten zuordnen
3 und 4: Datumsangabe mit und ohne Monatsnamen 5: Wochentage bestimmen
AH ▶ 63 TÜ ▶ 64

Kann ich das schon?

1

a)	b)
3 · 4	8 · 8
5 · 7	6 · 7
3 · 6	0 · 9
8 · 4	4 · 6
9 · 7	5 · 5

0 12 18 24 25 32 35 42 63 64

2

a)	b)
2 · ☐ = 18	☐ · 7 = 49
8 · ☐ = 8	☐ · 2 = 14
10 · ☐ = 40	☐ · 6 = 60
4 · ☐ = 16	☐ · 7 = 56
10 · ☐ = 30	☐ · 8 = 72

1 3 4 4 7 7 8 9 9 10

3

a)	b)	c)
18 : 3	20 : 2	40 : 4
24 : 6	40 : 5	70 : 10
30 : 5	56 : 7	81 : 9
49 : 7	64 : 8	100 : 10
60 : 1	50 : 10	63 : 7

4 5 6 6 7 7 8 8 8 9 9 10 10 10 60

4

a) Welche der Zahlen von 12 bis 35 sind nur durch 5 teilbar?

b) Welche der Zahlen von 8 bis 30 sind durch 2 und durch 5 teilbar?

5 Setze das richtige Zeichen: < = >.

a)	b)
5 · 7 ○ 45	60 : 10 ○ 6
9 · 9 ○ 80	36 : 6 ○ 4
6 · 2 ○ 12	30 : 5 ○ 10
3 · 8 ○ 32	14 : 7 ○ 3
4 · 4 ○ 20	50 : 5 ○ 20

6 Berechne:

a) den Quotienten aus 56 und 7

b) das Produkt aus 9 und 6

c) Der Dividend ist 32 und der Divisor ist 8. Wie heißt der Quotient?

7 Zum Sportfest haben sich die Kinder der 2. Klassen zu Fünfer-Reihen aufgestellt. Es wurden 6 Reihen gebildet. Die Kinder der 3. Klassen stehen in Achter-Reihen. Sie haben 4 Reihen gebildet.

Wie viele Kinder aus jeder Klassenstufe nehmen am Sportfest teil?

8 Max hat am Mittwoch Geburtstag.
Sein Freund Richard hat 6 Tage später Geburtstag. Welcher Tag ist das?

9 Wahr w oder falsch f ?

Lisa hat 8 Münzen zu je 5 Cent.
Tom hat 10 Münzen zu je 2 Cent.

Ben hat 8 Münzen zu je 10 Cent.
Anna hat 20 Münzen zu je 1 Cent.

a) Ben hat doppelt so viel Geld wie Lisa.

b) Tom hat nur halb so viel Geld wie Lisa.

c) Anna hat mehr Geld als Lisa.

d) Tom und Anna haben gleich viel Geld.

10 a) Zeichne einen Kreis um den Punkt M mit einem Radius von 6 cm.

b) Zeichne um den gleichen Punkt M einen Kreis mit einem Radius, der halb so groß ist wie der Radius des ersten Kreises.

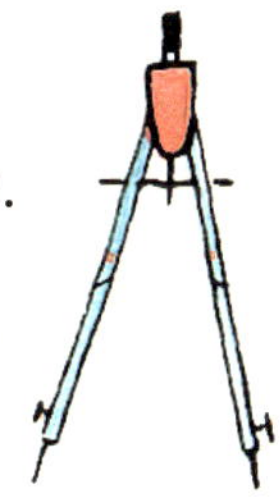

11 Durchmesser (d) und Radius (r) gesucht

a) r = 8 cm d = ___ cm
r = 4 cm d = ___ cm
r = 30 cm d = ___ cm

b) d = 10 cm r = ___ cm
d = 12 cm r = ___ cm
d = 80 cm r = ___ cm

12 Gib die Vormittagszeit und die Nachmittagszeit an.

a) 

___ Uhr

___ Uhr

b) 

___ Uhr

___ Uhr

c) 

___ Uhr

___ Uhr

d) 

___ Uhr

___ Uhr

e) 

___ Uhr

___ Uhr

13 Ergänze zur nächsten vollen Stunde.

17:45 Uhr —+ ___ min→ 18:00 Uhr

14:50 Uhr —+ ___ min→ 15:00 Uhr

6:35 Uhr —+ ___ min→ 7:00 Uhr

10:20 Uhr —+ ___ min→ 11:00 Uhr

1 Hausnummern sehen unterschiedlich aus.

Ordne. Beginne mit der größten Zahl.

2 Fertige ein Kalenderblatt zu dem Monat an, in dem du Geburtstag hast.

a) Färbe den Tag, an dem du in diesem Jahr Geburtstag hast.

b) An welchem Tag hattest du im vergangenen Jahr Geburtstag?

c) An welchem Tag wirst du im nächsten Jahr Geburtstag haben?

3 Wann haben die Kinder Geburtstag?

a) Tom hat 6 Monate und 5 Tage nach Anna Geburtstag.

b) Ben hat genau einen Monat vor Anna Geburtstag.

c) Lisa hat 3 Wochen nach Anna Geburtstag.

d) Maria hat 1 Woche und 2 Tage vor Anna Geburtstag.

1: Zahlen nach Vorschrift ordnen 2: Kalenderblatt erstellen
3: Geburtstage errechnen

4

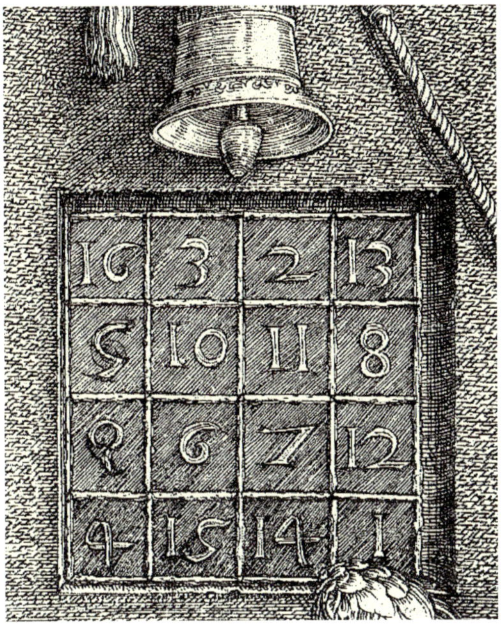

Das ist ein Ausschnitt aus dem Kupferstich „Die Melancholie“ von Albrecht Dürer aus dem Jahr 1514. Du findest darauf ein Zauberquadrat.

Finde im Zauberquadrat 4 Zahlen, deren Summe 34 ergibt.
Beispiele: 16 + 5 + 9 + 4 = 34

oder 7 + 12 + 14 + 1 = 34

Finde möglichst viele solcher Summen.

5 a) Finde die Zauberzahl.
Bilde dazu die Summen der Zahlen
jeder Zeile, z.B. 2 + 9 + 4 =
jeder Spalte, z.B. 2 + 7 + 6 =
jeder Diagonale, z.B. 4 + 5 + 6 =

2	9	4
7	5	3
6	1	8

Die Zauberzahl heißt:

b) So kannst du ein eigenes Zauberquadrat finden:
Addiere zu jeder Zahl des Zauberquadrats die gleiche Zahl: z.B. 2 + 4 = 6, 9 + 4 = 13

6	13	

Trage die neuen Zahlen in das Quadrat ein.

Die Zauberzahl heißt:

6 An einer spanischen Kirche in der Stadt Barcelona ist diese geheimnisvolle Tafel mit Zahlen angebracht.

a) Berechne die Summe aus allen Zahlen, die in den Ecken des Zauberquadrats stehen.

b) Bilde weitere Summen aus 4 Zahlen der Tafel, die das gleiche Ergebnis haben.

4 und 5: Inhalt erfassen, Summen mit gleichem Ergebnis bilden
6: Zauberzahl ermitteln, analoges Zauberquadrat finden, weitere Möglichkeiten diskutieren

(1) Zähle die Bäume.

Schließe die Augen für einen Moment. Öffne sie wieder und zähle nochmals.

Was stellst du fest?

(2) In der Hundertertafel sind Rätsel versteckt. So findest du sie: Ordne jeder Zahl den richtigen Buchstaben zu.

1	A	3	4	5	B	7	8	9	●
11	●	●	●	15	●	●	C	●	20
●	●	D	●	●	26	E	●	●	●
●	32	●	34	F	●	●	●	●	40
41	●	G	●	45	H	●	●	I	J
K	●	53	●	●	56	●	●	59	●
61	62	L	●	M	●	N	68	●	●
O	●	●	P	●	●	Q	●	R	●
●	S	●	T	●	86	●	U	V	W
●	●	X	●	95	●	●	Y	●	Z

1. Rätsel:
Was haben ein Buch und ein Baum gemeinsam?

6	63	2	84	84
B				

2. Rätsel:
Welcher Hase läuft auf zwei Beinen?

2	67	43	82	84	46	2	82	27

3. Rätsel:
Was hat Zähne und kann nicht beißen?

6	79	49	27	35	65	2	79	51	27

[3] Lege 3 Stäbchen so um, dass 5 Quadrate entstehen.

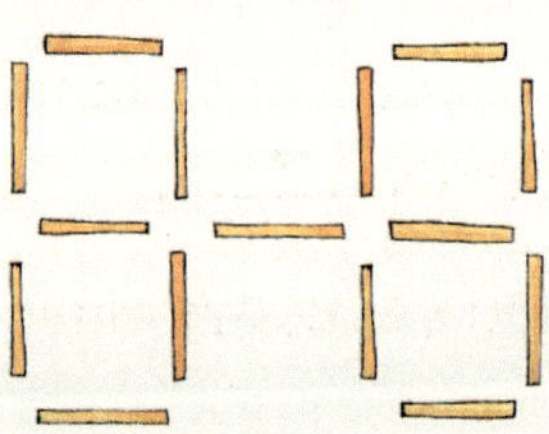

[4] Nimm 5 Stäbchen so weg, dass 3 Quadrate übrig bleiben.

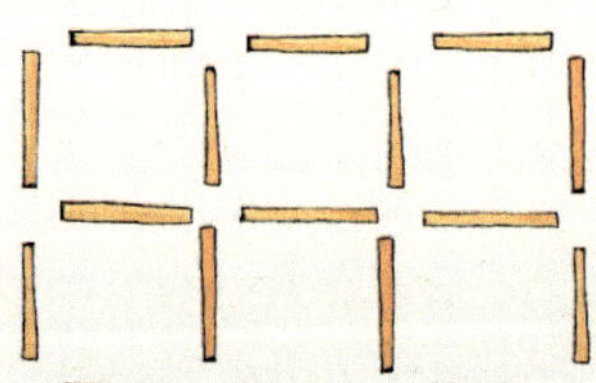

1: Anzahl der Bäume ermitteln, unterschiedliche Ergebnisse erörtern 2: Verdeckte Zahlen finden, Zuordnung: Buchstabe – Zahl
3 und 4: Geforderte Anzahl von Quadraten nach Vorgabe erzeugen

1	2	3	4	5	6	7	8	9	10
11	12	13	14	15	16	17	18	19	20
21	22	23	24	25	26	27	28	29	30
31	32	33	34	35	36	37	38	39	40
41	42	43	44	45	46	47	48	49	50
51	52	53	54	55	56	57	58	59	60
61	62	63	64	65	66	67	68	69	70
71	72	73	74	75	76	77	78	79	80
81	82	83	84	85	86	87	88	89	90
91	92	93	94	95	96	97	98	99	100

5 Addiere über Kreuz. Was stellst du fest?

16	17
26	27

a)

5	6
15	16

b)

31	32
41	42

c)

44	45
54	55

d)

29	30
39	40

e)

27	28
37	38

f)

25	26
35	36

6 Finde Zahlenpaare zur Summe:

a) 42 b) 59 c) 100 d) 74

e) 23 f) 45 g) 39 h) 99

Zahlenpaar: 15 / 25 zur Summe: 40

15 + 25 = 40

Zahlenpaar: 12 13 zur Summe: 25

12 + 13 = 25

7 Wahr w oder falsch f in der Hundertertafel?

a) Unter jeder geraden Zahl steht stets eine gerade Zahl.

b) Jede Spalte beginnt mit einer ungeraden Zahl.

c) Jede Zeile beginnt mit einer ungeraden Zahl und endet mit einer geraden Zahl.

5: Additionsaufgaben bilden und lösen, Ergebnis erörtern
6: Summanden zur Summe finden 7: Entscheidung begründen

Projektidee: Mathematik in der Kunst

Victor Vasarely (1906 – 1997) nannte dieses Bild von 1973 „Folk-Lor“.

① Betrachte das Bild und lass es auf dich wirken. Erzähle, was du dir dabei denkst.

② Welche geometrischen Formen kannst du erkennen?

③ Experimentiere selbst mit geometrischen Formen und Farben. Gestalte Bilder nach deinen eigenen Ideen.

Diese Muster nennt man auch Ornamente.

(4) Beschreibe sie.

(5) Finde weitere Beispiele für Ornamente in deiner Umgebung.

(6) Übertrage die Ornamente in dein Heft und setze sie fort.

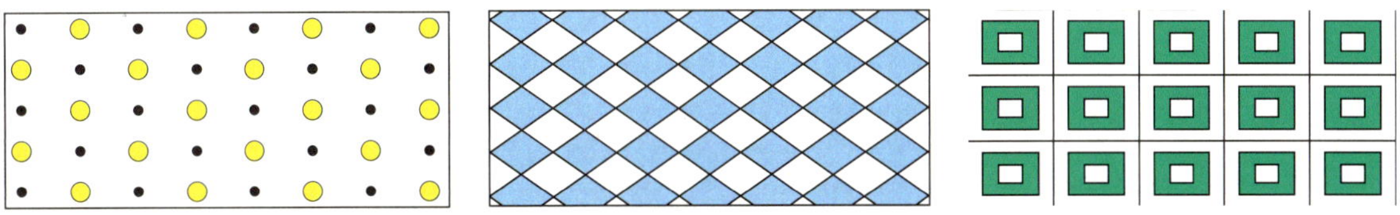

(7) Versuche selbst Ornamente zu entwerfen.

(8) Hier stimmt doch etwas nicht!
Sind die Schiffsdecks gleich lang oder nicht?
Überprüfe und erkläre.

Mathefreunde 2

Ausgabe Nord

Herausgegeben von
Edmund Wallis, Leipzig

Erarbeitet von
Catrin Elies, Stendal; Kathrin Fiedler, Görlitz; Ursula Kluge, Kühnitzsch; Nancy Lopp, Magdeburg; Isabel Miedtke, Zwickau; Jana Richter, Erfurt; Jana Scherbaum, Halberstadt; Edmund Wallis, Leipzig

Unter Beratung von
Ramona Beckmann, Rostock; Silvia Ehrlich, Neubrandenburg; Heidrun Ertel, Tröbnitz; Rita Hetzel, Marienwerder; Birgit Schlabitz, Berlin

Redaktion: Susanne Knipper, Uwe Kugenbuch
Illustration: Daniel Müller; Uta Bettzieche (Hunde)
Grafik: Christine Wächter
Umschlaggestaltung: tritopp, Berlin, Daniel Müller (Illustration)
Layout und technische Umsetzung: Ines Schiffel

Bildnachweis: Cornelsen Verlagsarchiv: 21.1, 21.2, 21.4, 21.5, 44, 92.1, 127.1, 128; Peter Hartmann, Potsdam: 21.3, 131; DB AG/BiB/Bedeschinsky: 35.1; Picture-alliance/dpa/Holger Hollemann: 35.2; FRAPORT/Press Images: 92.2; Fotolia.com/Jamalludin din: 92.3; Wikipedia/GNU/diotop: 92.4; Jens-Uwe Mertens, Berlin: 126; Wikimedia/GNU/Harmonia Amanda: 127.2; © VG Bild-Kunst, Bonn 2010/akg-images/Victor Vasarely, Folk-Lor, 1973: 130.

Bestandteile des Lehrwerkes Mathefreunde für das 2. Schuljahr:

Schülerbuch 2 mit Kartonbeilagen	978-3-06-082641-4
Arbeitsheft 2	978-3-06-082642-1
Arbeitsheft 2 mit CD-ROM	978-3-06-082683-4
Tägliche Übungen 2	978-3-06-082777-0
Handreichungen für den Unterricht 2	978-3-06-082773-2
Kopiervorlagen 2 mit CD-ROM	978-3-06-082781-7
Handreichungen und Kopiervorlagen im Paket	978-3-06-082700-8

www.vwv.de

1. Auflage, 5. Druck 2015

Druck: Mohn Media Mohndruck, Gütersloh

ISBN 978-3-06-082641-4